TURING 图灵程序设计丛书

计算机科学精粹

【巴西】沃德斯顿·费雷拉·菲尔多 / 著
蒋楠 / 译

Computer Science Distilled
Learn the Art of Solving Computational Problems

人民邮电出版社
北京

图书在版编目（CIP）数据

计算机科学精粹 /（巴西）沃德斯顿·费雷拉·菲尔多著；蒋楠译. -- 北京：人民邮电出版社，2019.1（2024.7重印）
（图灵程序设计丛书）
ISBN 978-7-115-49919-6

Ⅰ. ①计… Ⅱ. ①沃… ②蒋… Ⅲ. ①计算机科学 Ⅳ. ①TP3

中国版本图书馆CIP数据核字(2018)第249565号

内 容 提 要

本书以浅显易懂的语言、简明扼要的形式介绍计算机科学领域的重要知识点，较少涉及学术概念，着力将抽象理论具体化、复杂问题简单化。主要内容包括逻辑、计数等基本概念，数据类型，算法，计算机体系结构，程序设计，等等。

本书既适合计算机专业技术人员，也适合对计算机科学感兴趣的普通读者。

◆ 著　　　　[巴西] 沃德斯顿·费雷拉·菲尔多
译　　　　蒋 楠
责任编辑　朱 巍
责任印制　周昇亮

◆ 人民邮电出版社出版发行　　北京市丰台区成寿寺路11号
邮编　100164　　电子邮件　315@ptpress.com.cn
网址　http://www.ptpress.com.cn
北京九州迅驰传媒文化有限公司印刷

◆ 开本：880×1230　1/32
印张：5.25　　　　2019年1月第1版
字数：157千字　　　2024年7月北京第8次印刷

著作权合同登记号　图字：01-2018-4176号

定价：49.00元

读者服务热线：(010)84084456-6009　印装质量热线：(010)81055316

反盗版热线：(010)81055315

广告经营许可证：京东市监广登字 20170147 号

版权声明

我知道2加2等于4，如果能证明这一点我会很高兴，但必须承认，如果能让2加2等于5，那么我会更高兴。

——拜伦勋爵

取自1813年致未婚妻安娜贝拉的信函。

他们的女儿埃达·洛夫莱斯是第一位程序员。

译 者 序

本书英文版封面图片根据 1845 年的一份分析机原理图绘制。分析机是历史上第一种可编程计算机，也是其发明者查尔斯·巴贝奇得以在计算机史上留名的主要作品。

巴贝奇堪称“跨界”高手。他颇具数学天分，曾受聘担任剑桥大学卢卡斯教授；他被誉为计算机先驱，为差分机与分析机的发明耗尽一生心血；他还是当时知名的经济学家，曾撰写 19 世纪 30 年代最有影响力的经济学著作《论机械和制造业的经济》。

巴贝奇同样是一位理想主义者。在英国政府停止对差分机项目的资助后，巴贝奇依然锲而不舍，开始设计功能更为强大的分析机。它分为运算单元与存储单元，通过打孔卡进行输入，并使用与汇编语言类似的编程语言。分析机将运算、存储、I/O 功能相互分离，与如今的计算机有异曲同工之妙。

然而，在缺乏政府资助的情况下制造分析机，无异于纸上谈兵，最终留下的只有数千页设计手稿。郁郁不得志的巴贝奇于 1871 年去世，报纸甚至还在讣告中嘲笑了他的失败。

但巴贝奇并非没有知音。在都灵访问期间，他鼓励后来担任意大利首相的路易吉·梅纳布雷亚撰写一篇有关分析机的论文。这份以法语写就的论文于 1842 年出版，后来被著名诗人拜伦的女儿埃达·拜伦译为英文。埃达对巴贝奇的才华颇为仰慕，两人于 1833 年相识后一直保持联系。埃达继承了母亲的数学天分，是为数不多能深刻理解巴贝奇思想的人，她甚至变卖自己的珠宝以支持分析机的制造。

埃达并非简单地翻译梅纳布雷亚的论文，她还添加了几乎达到原文长度四倍的注记，详细描述了使用分析机计算伯努利数的方法，并设计了世界上第一个计算机程序。埃达由此被视为历史上第一位程序员。为纪念她的贡献，美国国防部将 1980 年发布的一门编程语言命名为 Ada。

《计算机科学精粹》堪称一本“网红”书，出版之后好评如潮，许多亚马逊用户毫不吝啬地打出五星高分。本书适合各个层次、各种背景的读者阅读，无论是经验不足的新人，还是科班出身的老手，想必都能从中找到适合自己的内容。学习本非枯燥之事，但一本浅显易懂的入门图书的确有事半功倍之效。

在北美的院校中，某些考试允许携带 cheat sheet（中文可称为“备忘单”或“速查表”），学生可以将自己认为重要的公式或知识点写在上面。从某种意义上说，《计算机科学精粹》就是这样一本具有 cheat sheet 性质的书。与图灵推出的《算法图解》类似，本书以浅显易懂的语言梳理了计算机科学领域的重要知识点，着力将抽象的理论具体化、复杂的问题简单化。当然，亦想抛砖引玉，希望在唤起读者对计算机科学的兴趣后，能深入阅读其他资料。

非常感谢北京图灵文化发展有限公司的朱巍老师给予译者的信任，以及李冰编辑为本书付梓所做的辛勤努力。虽然译者尽力而为，但水平有限，疏漏之处在所难免。恳请读者不吝赐教，提出宝贵的意见和建议。译者的联系方式：milesjiang314@gmail.com。

蒋楠
2018 年 8 月于温哥华

朋友是我们为自己选择的亲人。本书献给我的朋友 Rômulo、Léo、Moto 与 Chris，他们不断敦促我“完成这部该死的作品”。

前言

每个人都应该学习计算机编程，因为它教会你如何思考。

——史蒂夫·乔布斯

计算机以前所未有的力量改变了世界，一门新学科随之兴起，这就是**计算机科学**。它揭示了如何利用计算机解决问题，帮助我们充分发挥计算机的潜能。在这门学科的指引下，我们取得了难以置信的成就。

计算机科学无处不在，但学校传授的仍然是枯燥的理论，不少程序员甚至从未研究过它。然而，计算机科学对于实现高效的程序设计至关重要。我的一些朋友很难聘用到优秀的程序员——计算机虽然功能强大，可以驾驭它的人却不多。

我希望通过这本书推动读者高效地使用计算机。本书将以简明扼要的形式介绍计算机科学的知识，尽量少涉及学术概念。但愿计算机科学能在读者心中扎根，并提高读者编写代码的水平。

图 1 “计算机问题”（取自 https://xkcd.com/）

目标读者

对于希望采用高效方法解决问题的读者，本书将是不二之选。编程经验并非必需，如果读者曾经写过代码，也了解 `for` 与 `while` 这样的基本编程语句，阅读本书将不会遇到任何障碍。不熟悉计算机科学的读者可以通过 Codecademy[①] 进行学习，其在线课程提供一周的免费试听服务。而对具备计算机科学经验的读者来说，本书能有效地巩固所学知识。

计算机科学并非只和学者有关

这是一部关于**计算思维**的作品，适合所有人阅读。读者将学习如何把问题转换为可计算的系统，并在日常生活中应用计算思维：预取和缓存能简化打包过程，而并行有助于提高烹饪速度。另外，读者的代码会变得很棒！

愿原力与你同在。[②] 😉

---

① 许多平台都提供不错的在线课程，涵盖 Web 开发、数据处理、人工智能、深度学习等多个领域。lynda.com、Udacity 都是北美较为知名的在线教育平台。——译者注

②《星球大战》中绝地武士在分别时表示“再见”的祝福语，后引申为现实世界中粉丝之间的祝福语。——译者注

目　录

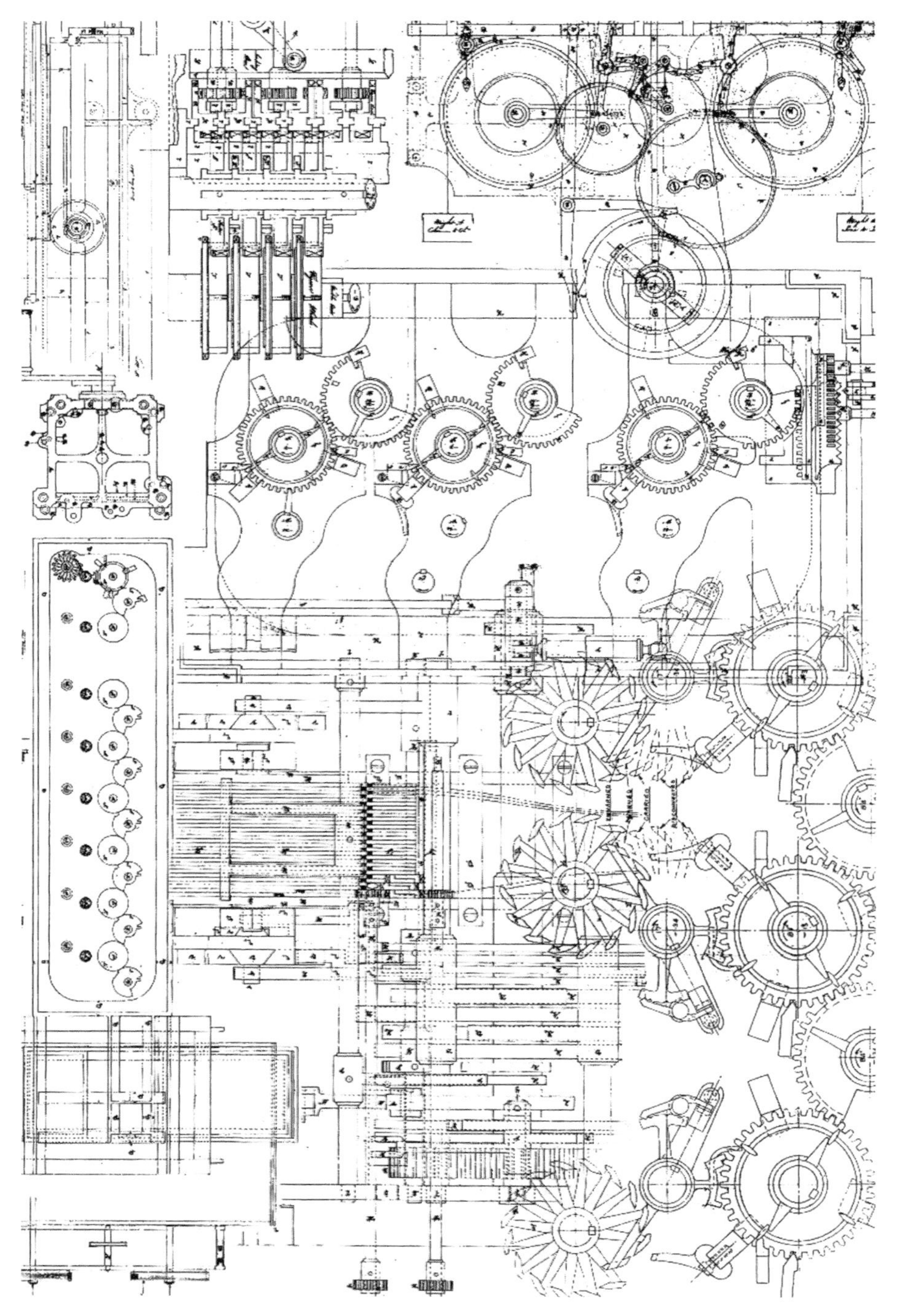

查尔斯·巴贝奇的分析机原理图

第1章

预备知识

> 计算机科学并非一门研究机器的学科，如同天文学并非研究望远镜一样。从本质上讲，数学与计算机科学具有统一性。
>
> ——艾兹赫尔·戴克斯特拉[①]

计算机只能处理分解成块的问题，因此我们需要具备一定的数学知识。不过无须紧张，数学并非高深莫测，编写优秀的代码也很少要用到复杂的方程。这一章将介绍求解问题所需的基本知识，包括：

- 采用流程图与伪代码对想法进行建模
- 根据逻辑判断对错
- 对事物进行计数
- 安全地计算概率

掌握这些知识后，我们就能将自己的想法转换为可供计算机执行的解决方案。

1.1 想法

面对复杂的问题时，请让大脑保持最佳状态，将所有重要内容写下来。我们的大脑很容易被各种事实和想法所淹没，“好记性不如烂笔头”在众多组织方法中占有重要地位。为此，这一节将讨论几种实现方法。首先介绍用于表示进程的流程图，然后利用伪代码编写可供实际编程使用的进程，并尝试通过数学工具对一个简单的问题进行建模。

---

① 艾兹赫尔·戴克斯特拉（Edsger Dijkstra，1930—2002），荷兰计算机科学家，其贡献涵盖编译器、操作系统、分布式系统、软件工程、编程语言、图论等多个领域，数据结构中的最短路径算法——戴克斯特拉算法就是以他的名字命名的。1972 年，戴克斯特拉因在编程语言方面的贡献而获得图灵奖。——译者注

1.1.1　流程图

在讨论相互之间的协作过程时，维基人[①]创建了一种随着讨论的进行而更新的流程图。对所提出的内容了然于心有助于讨论。

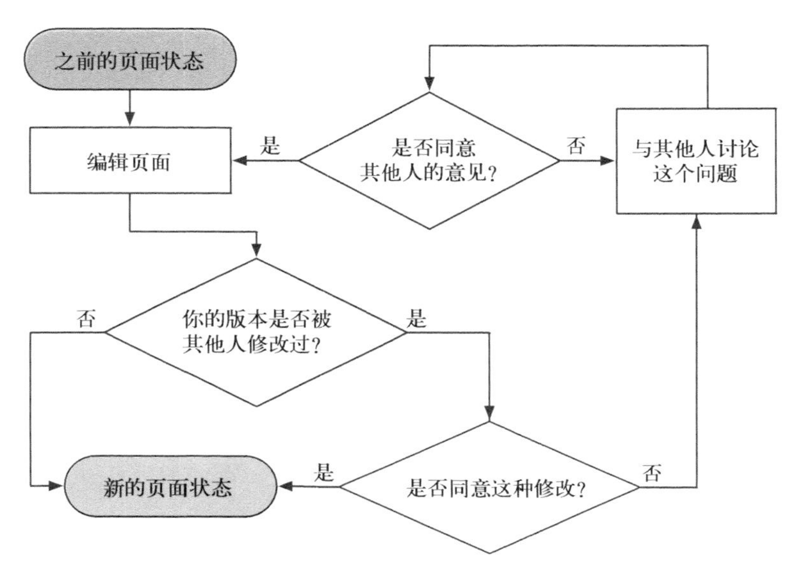

图 1-1　维基百科编辑流程

与上面的编辑流程类似，计算机代码本质上是一种进程。程序员通常使用流程图来编写计算进程。为便于他人理解，绘制流程图时应遵循以下原则[②]：

- 将状态步骤和指令步骤置于矩形框内；
- 将决策步骤（对给定的条件进行判断）置于菱形框内；
- 不要将指令步骤与决策步骤放在一起；
- 使用箭头连接各个顺序步骤；
- 标明进程的开始和结束。

① 维基人指在维基百科上编写条目的贡献者，女性维基人有时候也被称为“薇姬人”。——译者注

② 国际标准化组织甚至专门制定了一项称为 UML（统一建模语言）的标准来定义软件系统图的绘制。

我们以查找 3 个数中的最大值为例，来看看如何绘制流程图。

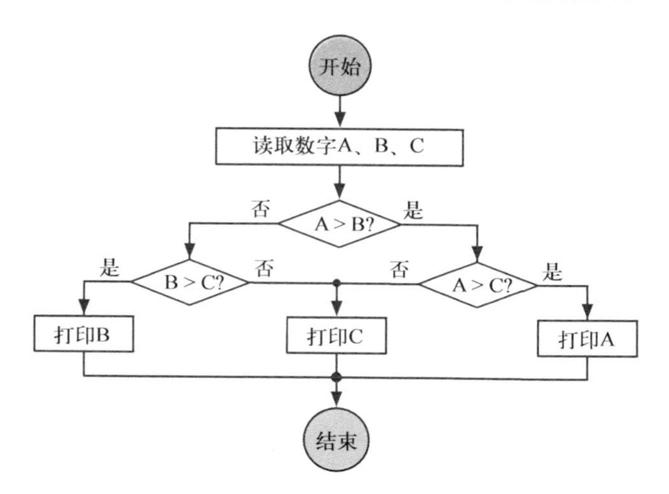

图 1-2 查找 3 个变量中的最大值

1.1.2 伪代码

与流程图类似，伪代码也可以用来表示计算进程。它是一种符合人类阅读习惯的代码，但无法被机器理解。下面这个示例与图 1-2 的含义相同，读者不妨花些时间，选取若干样本值作为 A、B、C 尝试一下。①

```
function maximum(A, B, C)
    if A > B
        if A > C
            max ← A
        else
            max ← C
    else
        if B > C
            max ← B
        else
            max ← C
    print max
```

读者是否注意到，上述代码完全没有遵循编程语言的语法规则？我们甚至

① 在本例中，←表示赋值运算符。因此，x ← 1 的含义是“将 x 设置为 1”。

可以在伪代码中使用某些口语！如同利用流程图绘制一般性思维导图那样，就让我们的创造力在编写伪代码时得到充分释放吧（如图 1-3 所示）！

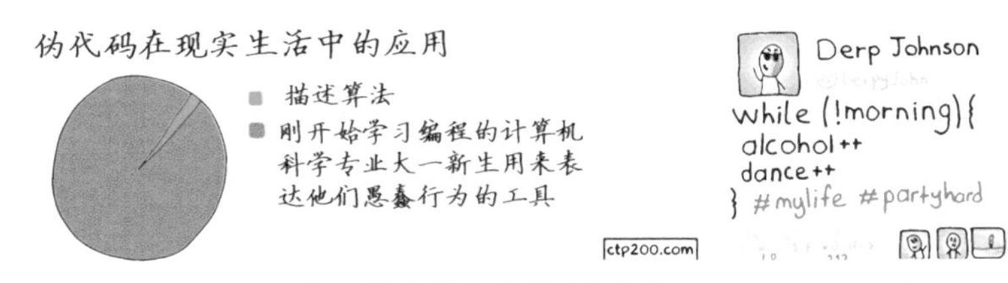

图 1-3 “现实生活中的伪代码”（取自 http://ctp200.com）

1.1.3　数学模型

模型是一组表示问题及其特征的概念，有助于更好地推断与处理问题。创建模型的重要性毋庸置疑，我们从小就受过这方面的训练。中学数学的思路是（或应该是）将问题建模为若干数字和方程，然后应用各种工具进行求解。

采用数学语言描述的模型具有一个无可比拟的优势：它们能在使用完备数学工具的计算机上运行。如果模型中包含图，可以使用图论；如果包含方程，代数将派上用场。利用前人创造的这些工具，问题就能迎刃而解。接下来，我们讨论一个经常在中学数学中出现的问题。

> **家畜围栏** 农场里饲养了两种家畜。我们利用 100 个单位长度的铁丝网制作一个矩形围栏，中间用直线将两种动物隔开。那么应该如何设计围栏，才能让牧场的面积最大化？

我们从需要求解的值入手分析。如果 w 和 l 为牧场的边长，那么二者的乘积就是牧场的面积。面积最大化意味着使用所有铁丝网，因此 w 和 l 与 100 之间具有以下关系。

$$A = w \times l$$

$$100 = 2w + 3l$$

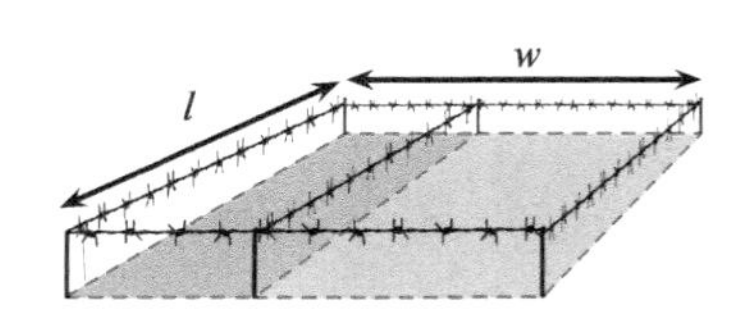

现在，问题变成了 w 和 l 取何值，才能使面积 A 最大。

根据第二个方程求出 l（$l=\frac{100-2w}{3}$），然后代入第一个方程：

$$A=\frac{100}{3}w-\frac{2}{3}w^2$$

由此得到一个二次方程，利用中学时学过的二次公式很容易就能求出它的最大值。设 $A=0$ 并求解方程，最大值为两个根之间的中点。二次方程之于我们，如同高压锅之于厨师，两种工具的共同点是可以节省时间。二次方程能加快许多问题的求解速度，而我们的任务就是解决问题，这一点请谨记在心。厨师需要了解他的工具，我们同样需要掌握自己的工具，数学模型就是我们手中的有力工具。除此之外，逻辑也是解决问题的法宝。

1.2 逻辑

程序员与逻辑打交道太频繁，思维都被逻辑搞得一团糟。尽管如此，不少程序员其实并未真正掌握逻辑的知识，只是凭借“本能”在使用它。理解形式逻辑的概念之后，我们就可以用它来审慎地解决问题。

图 1-4 “程序员的逻辑”（取自 http://programmers.life）

在这一节，我们首先采用特殊的运算符和代数来处理逻辑陈述，然后学习利用真值表解决问题，并探讨计算机是如何依靠逻辑来工作的。

1.2.1　运算符

普通数学使用变量与运算符（+、−、× 等）对数值问题进行建模。在数理逻辑中，变量与运算符表示事物的有效性，它们代表的是真（True）或假（False）而非数字。例如，表达式“如果泳池很暖和，我就去游泳”的有效性基于两件事的有效性，二者可以被映射到**逻辑变量** A 和 B。

A：泳池很暖和。
B：我去游泳。

A 和 B 要么为 True，要么为 False。[①] A = True 表示“泳池很暖和”，B = False 表示“我不去游泳”。B 不可能为**半真**，因为“我”不可能一半去游泳，一半不去游泳。变量之间的依赖关系通过**条件运算符**→表示，$A \to B$ 意味着“当 A = True 时，B = True”。

$A \to B$：如果泳池很暖和，我就去游泳。

借由其他运算符，我们能表示更多的含义。例如，**取反运算符**！表示否定，$!A$ 的含义是对 A 取反。

$!A$：泳池很凉。
$!B$：我不去游泳。

换质位法　当给定“$A \to B$”与“我不去游泳”时，能否推断出泳池的情况呢？由于“泳池很暖和”会**强制**“我去游泳”，如果“我不去游泳”，就说明“泳池不暖和”。每个条件表达式都有相应的**换质位**形式。

对于任意两个变量 A 和 B，$A \to B$ 与 $!B \to !A$ 的含义相同。

我们再来看一个例子。“如果你写不出好代码，那么还没有读过本书”的换质位形式为“如果你读过本书，就能写出好代码”。换言之，两句

① 在模糊逻辑中，值也可以介于两者之间，但本书不会涉及这方面的内容。

话采用不同的方式表达了相同的意思。①

双条件 请注意，“如果泳池很暖和，我就去游泳”不代表“我只在温水中游泳”，这一陈述并未对泳池冷暖做出承诺。也就是说，$A \rightarrow B$ 不意味着 $B \rightarrow A$。如果希望两个条件都成立，需要使用**双条件**。

$A \leftrightarrow B$：当且仅当泳池很暖和，我才去游泳。

此时，“泳池很暖和”和“我才去游泳”是等价的：只要了解泳池的冷暖，就能了解是否去游泳，**反之亦然**。需要再次强调的是，应谨防**反向错误**，不要认为从 $A \rightarrow B$ 可以推断出 $B \rightarrow A$。

逻辑与、逻辑或、逻辑异或 三者通常是显式编码的，它们是最知名的逻辑运算符。逻辑与（AND）表示全部条件为真时结果为真，逻辑或（OR）表示任意条件为真时结果为真，逻辑异或（XOR）表示条件相反时结果为真。考虑一个提供伏特加与葡萄酒的聚会。

A：你喝了葡萄酒。
B：你喝了伏特加。
A OR *B*：你喝了酒。
A AND *B*：你喝了混合的酒。
A XOR *B*：你喝了没有混合的酒。

读者应掌握目前介绍的各种运算符的工作原理。表 1-1 列出了两个变量所有可能的组合。请注意，$A \rightarrow B$ 等价于 $!A$ OR B，而 A XOR B 等价于 $!(A \leftrightarrow B)$。

表 1-1 逻辑运算：*A* 与 *B* 的 4 种可能情况

A	*B*	!*A*	*A*→*B*	*A*↔*B*	*A* AND *B*	*A* OR *B*	*A* XOR *B*
✓	✓	✗	✓	✓	✓	✓	✗
✓	✗	✗	✗	✗	✗	✓	✓
✗	✓	✓	✓	✗	✗	✓	✓
✗	✗	✓	✓	✓	✗	✗	✗

① 其实，这两句话说得一点也没错。

1.2.2 布尔代数

与初等代数可以化简数值表达式类似，**布尔代数**[①]可以化简逻辑表达式。

结合律 括号不影响 AND 或 OR 运算的顺序。与初等代数中的求和与乘法运算类似，可以采用任意顺序进行计算。

$$A \text{ AND } (B \text{ AND } C) = (A \text{ AND } B) \text{ AND } C$$
$$A \text{ OR } (B \text{ OR } C) = (A \text{ OR } B) \text{ OR } C$$

分配律 在初等代数中，我们可以将乘法项从和中提取出来：$a\times(b+c)=(a\times b)+(a\times c)$。逻辑运算与之类似，两个变量进行 OR 运算后再与第三个变量进行 AND 运算，相当于两个变量分别与第三个变量进行 AND 运算后再进行 OR 运算，反之亦然。

$$A \text{ AND } (B \text{ OR } C) = (A \text{ AND } B) \text{ OR } (A \text{ AND } C)$$
$$A \text{ OR } (B \text{ AND } C) = (A \text{ OR } B) \text{ AND } (A \text{ OR } C)$$

德摩根定律[②] 夏天和冬天不可能同时出现，因此要么不是夏天，要么不是冬天。当且仅当不满足要么是夏天要么是冬天的条件时，说明既不是夏天，也不是冬天。根据上述推理，可以将 AND 运算转换为 OR 运算，反之亦然。

$$!(A \text{ AND } B) = !A \text{ OR } !B$$
$$!A \text{ AND } !B = !(A \text{ OR } B)$$

利用上述规则可以转换逻辑模型、揭示属性并化简表达式。接下来，我们考虑如何解决以下问题。

> **过热的服务器**☆ 如果服务器过热且空调关闭，会导致服务器崩溃；如果服务器过热且机箱冷却器失效，同样会导致服务器崩溃。那么服务器需要满足哪些条件才能正常工作？

① 得名于英国数学家乔治·布尔（1815—1864）。他在 1854 年出版的著作中引入了逻辑学与数学，布尔代数由此诞生。

② 德摩根（1806—1871）是布尔的好友。他曾辅导过年轻的埃达·洛夫莱斯——历史上首位程序员，比第一台计算机问世还早一个世纪。

利用逻辑变量对问题建模，服务器崩溃的条件可以用一个表达式来表示。

- A：服务器过热。
- B：空调关闭。
- C：机箱冷却器失效。
- D：服务器崩溃。

$$(A \text{ AND } B) \text{ OR } (A \text{ AND } C) \rightarrow D$$

采用分配律对上式进行因式分解：

$$A \text{ AND } (B \text{ OR } C) \rightarrow D$$

当满足条件 $!D$ 时，服务器可以正常工作。相应的换质位形式为：

$$!D \rightarrow !(A \text{ AND } (B \text{ OR } C))$$

采用德摩根定律去除括号：

$$!D \rightarrow !A \text{ OR } !(B \text{ OR } C)$$

然后再次应用德摩根定律：

$$!D \rightarrow !A \text{ OR } (!B \text{ AND } !C)$$

从上式可知，只要满足条件 $!A$（服务器没有过热）或 $!B$ AND $!C$（空调和机箱冷却器均正常工作），服务器就能正常工作。

1.2.3　真值表

分析逻辑模型的另一种方法是检查所有可能的变量组合。**真值表**采用列表示变量，行表示变量状态的可能组合。

每个变量需要两行，变量在一行中设置为 `True`，在另一行中设置为 `False`。如果需要增加变量，则对行进行复制，并在原来的行中将新变量设置为 `True`，在复制的行中将新变量设置为 `False`（如图 1-5 所示）。每增加一个变量，真值表的大小将增加一倍，因此只能为少量变量构建真值表。[①]

---

① 一张由 30 个变量构成的真值表，所包含的行数将超过 10 亿。😱（即对于 n 个变量（$n \geqslant 1$），真值表包含 2^n 行。——译者注）

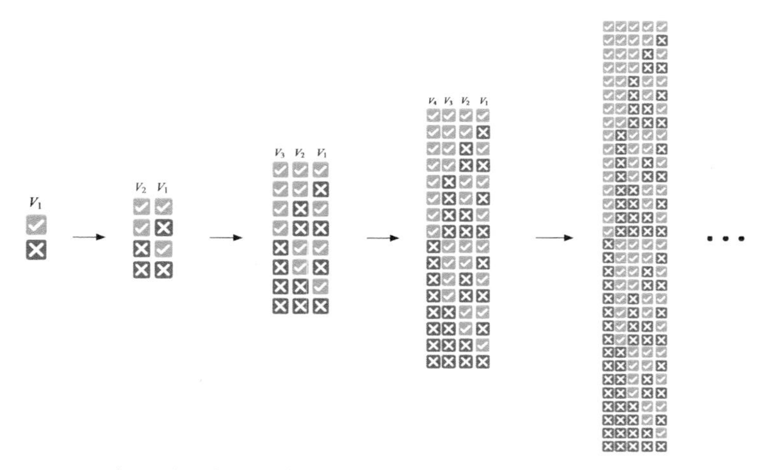

图 1-5 由 1 到 5 个逻辑变量构成的真值表，包括所有可能的变量组合

接下来讨论如何利用真值表分析问题。

脆弱的系统 我们需要创建一个满足以下要求的数据库系统。

I：如果数据库锁定，则可以保存数据。

II：不会出现写队列已满且数据库锁定的情况。

III：要么写队列已满，要么缓存已加载。

IV：如果缓存已加载，则无法锁定数据库。

是否可以创建满足上述要求的数据库系统？它需要满足哪些条件才能工作？

首先，我们将每项要求转换为一个逻辑表达式。可以使用 4 个变量对数据库系统建模。

A：数据库锁定	I：$A \to B$
B：可以保存数据	II：!(A AND C)
C：写队列已满	III：C OR D
D：缓存已加载	IV：$D \to$!A

接下来，我们根据所有可能的组合创建真值表。为检查是否满足上述要求，真值表添加了额外的列。

表 1-2 真值表：探索 4 个表达式的有效性

状态编号	A	B	C	D	I	II	III	IV	全部4个
1	✗	✗	✗	✗	✓	✓	✗	✓	✗
2	✗	✗	✗	✓	✓	✓	✓	✓	✓
3	✗	✗	✓	✗	✓	✓	✓	✓	✓
4	✗	✗	✓	✓	✓	✓	✓	✓	✓
5	✗	✓	✗	✗	✓	✓	✗	✓	✗
6	✗	✓	✗	✓	✓	✓	✓	✓	✓
7	✗	✓	✓	✗	✓	✓	✓	✓	✓
8	✗	✓	✓	✓	✓	✓	✓	✓	✓
9	✓	✗	✗	✗	✗	✓	✗	✓	✗
10	✓	✗	✗	✓	✗	✓	✓	✗	✗
11	✓	✗	✓	✗	✗	✗	✓	✓	✗
12	✓	✗	✓	✓	✗	✗	✓	✗	✗
13	✓	✓	✗	✗	✓	✓	✗	✓	✗
14	✓	✓	✗	✓	✓	✓	✓	✗	✗
15	✓	✓	✓	✗	✓	✗	✓	✓	✗
16	✓	✓	✓	✓	✓	✗	✓	✗	✗

可以看到，在状态 2 到 4 以及状态 6 到 8 中，所有要求均得到满足。在这些状态中，*A* = `False`，表示数据库永远不会锁定。只有在状态 3 和状态 7 中，缓存不会加载。

为检验所学的知识，请读者尝试解答斑马难题[①]。这是一个著名的逻辑问题，但并非由爱因斯坦提出。据说只有 2% 的人能解决这个问题，不过我对此表示怀疑。使用一张较大的真值表，并采用正确的方式化简与合并逻辑陈述，相信读者会找出答案。

每当处理假定为两种可能性之一的问题时，可以采用逻辑变量对其进行建模，借此不难推导出表达式并进行化简，进而得出结论。接下来，开始讨论最令人印象深刻的逻辑应用——电子计算机设计。

① 参见 https://code.energy/solving-zebra-puzzle/。

1.2.4 逻辑在计算中的应用

一组逻辑变量可以表示二进制形式的数字[①]，针对二进制数字的逻辑运算也可以合并以执行一般性计算。逻辑门对电流执行逻辑运算，电路中使用的逻辑门能以极高的速度进行计算。

逻辑门从输入线接收值并进行运算，然后将结果置于输出线。逻辑门包括与门（AND）、或门（OR）、异或门（XOR）等多个种类，高低电平分别代表 True 和 False。借由逻辑门，复杂逻辑表达式的计算几乎可以在瞬时完成。例如，图 1-6 所示的电路用于对两数求和。

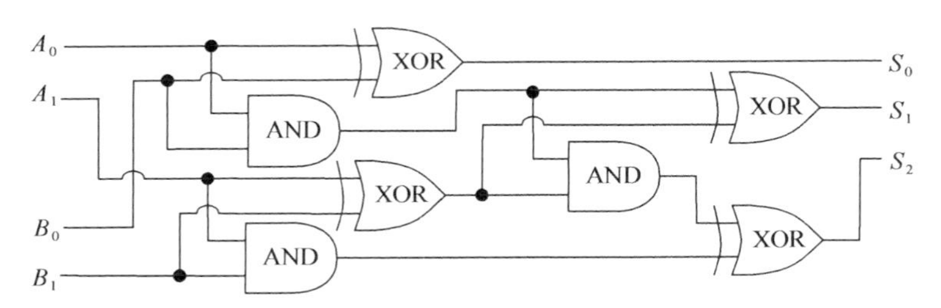

图 1-6　对两个逻辑变量（A_1A_0 与 B_1B_0）给出的 2 位数字求和，结果是一个 3 位数字（$S_2S_1S_0$）

请读者思考上述电路的工作原理，并花些时间观察电路的计算过程（图 1-7）。

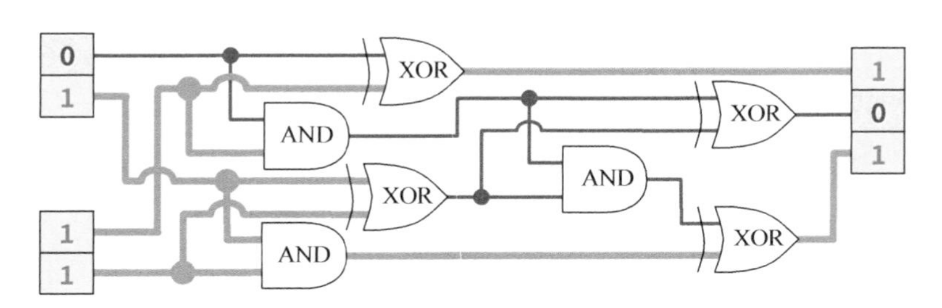

图 1-7　计算 2 + 3 = 5（二进制为 10 + 11 = 101）

① True = 1，False = 0。如果读者不清楚为何二进制数 101 表示十进制数 5，请参考附录中有关数制的解释。

为利用这种快速的计算形式，我们将数值问题转换为相应的二进制或逻辑形式。真值表有助于电路的建模与测试。布尔代数可以化简表达式，电路也因此得以简化。

逻辑门最初采用笨重、低效且昂贵的电动阀制造。在晶体管取代电动阀之后，逻辑门实现了批量生产，人们也一直在探索缩小晶体管尺寸的途径。[①] 现代 CPU 的工作原理仍然以布尔代数为基础。从本质上说，现代 CPU 只是一种由数以百万计的微观导线与逻辑门构成的电路，用于对信息电流进行操作。

1.3 计数

正确计数至关重要。在处理与计算有关的问题时，必须多次执行计数操作。[②] 本节涉及的数学知识较前几节更为复杂，但读者无须紧张。有些人认为自己不擅长数学，因此难以成为一名优秀的程序员。事实也不尽然——我的高中数学考试没有及格，后来也拿到了计算机科学的硕士学位。成为一名优秀程序员所需的数学，与一般的数学考试有所不同。

毕业之后，所学的各种公式与逐步推导过程都会逐渐遗忘，需要时在因特网上进行搜索即可。计算并非必须依靠笔和纸才能进行，直觉对于优秀的程序员而言必不可少，学习计数问题将进一步增强这种直觉。接下来将逐一讨论乘法、排列、组合、求和等一系列数学工具。

1.3.1 乘法

如果一个事件以 n 种不同的方式发生，另一个事件以 m 种不同的方式发生，那么两个事件可能以 $n \times m$ 种不同的方式发生。举例如下。

> **密码破译** PIN 码由两个数字与一个字母组成，每次需要 1 秒的时间进行输入。在最坏的情况下，需要多久才能破译 PIN 码？

---

① 2016 年，研究人员制造出 1 纳米级别的晶体管。金原子的直径为 0.15 纳米。

② 计数与逻辑属于离散数学，它是计算机科学的一个重要领域。

两个数字有 100 种搭配方式（00 到 99），一个字母有 26 种搭配方式（A 到 Z），因此共有 $100 \times 26 = 2600$ 种可能的 PIN 码。在最坏的情况下，我们必须尝试每一个 PIN 码，直至找出正确的密码。换言之，需要花费 2600 秒（43 分钟）才能破译密码。

> **团队建设** 有 23 名候选者希望加入你的团队，你采用抛硬币的方式决定是否录用他们。对于每个候选者，如果抛出的硬币正面朝上，则录用他。那么一共存在多少种可能的团队配置？

录用他们之前，唯一的团队配置就是你自己一人；每次抛出硬币后，可能的配置数量将增加一倍。由于必须进行 23 次抛硬币操作，团队配置的数量为 2 的 23 次方：

$$\underbrace{2 \times 2 \times \cdots \times 2}_{23次} = 2^{23} = 8\ 388\ 608$$

请注意，其中一种配置仍然是你自己。

1.3.2 排列

对于 n 个项，存在 n 的阶乘（$n!$）种排序方式。阶乘呈爆炸性增长，即便是很小的 n 值，阶乘的结果也相当惊人。如果读者不熟悉阶乘，这里给出其定义如下：

$$n! = n \times (n-1) \times (n-2) \times \cdots \times 2 \times 1$$

不难看出，n 个项共有 $n!$ 种排序方式。那么在 n 个项中，选择第一项有多少种方式？选择第一项之后，选择第二项有多少种方式？选择第二项之后，选择第三项有多少种方式？请读者思考这个问题，之后我们将讨论更多的示例。①

> **旅行推销员** 卡车公司为 15 座城市送货，我们希望了解哪种路线安排可以最大限度减少耗油量。如果计算一条路线的长度需要 1 毫秒，那么计算所有可能路线的长度需要多久？

① 根据惯例，$0! = 1$，即对 0 个项进行排序，存在一种方式。

15 座城市的每种排列都是一条不同的路线。阶乘是不同排列的数量，因此共有 $15! = 15 \times 14 \times \cdots \times 1 \approx 1.3$ 万亿条路线。由此可知，需要 1.3 万亿毫秒（约 15 天）才能计算出所有路线的长度。如果城市的数量增加到 20 座，则需要 7.7 万年才能完成计算。

珍贵的曲调 一位音乐家正在研究一种包括 13 个不同音符的音阶，她希望你找出所有仅使用 6 个音符的旋律。每个音符在每种旋律中都要播放一次，每种使用 6 个音符的旋律需要 1 秒钟进行播放。那么播放这位音乐家所要求的全部旋律需要多久？

在 13 个音符中，我们需要计算其中 6 个音符的排列。为忽略未使用音符的排列，必须在第 6 个因子后停止阶乘计算。形式上，$\frac{n!}{(n-m)!}$ 是 n 个可能项中 m 种可能排列的数量。在本例中：

$$\begin{aligned}\frac{13!}{(13-6)!} &= \frac{13 \times 12 \times 11 \times 10 \times 9 \times 8 \times 7!}{7!} \\ &= \underbrace{13 \times 12 \times 11 \times 10 \times 9 \times 8}_{6\text{个因子}} \\ &= 1\,235\,520\text{种旋律}\end{aligned}$$

可以看到，共有超过 120 万种播放时间为 1 秒的旋律。换言之，需要 343 个小时才能将所有旋律听完——最好说服音乐家通过其他方式寻找完美的旋律。

1.3.3 具有相同项的排列

如果某些项相同，那么对 n 个项而言，排序方式的数量要少于 $n!$ 种。交换位置的相同项不应被计作不同的排列。

在一个包含 n 个项的序列中，如果有 r 个项相同，则存在 $r!$ 种重新排序相同项的方式。因此，$n!$ 将对每个不同的排列进行 $r!$ 次计数。为获取不同排列的数量，需要将 $n!$ 与 $r!$ 相除。以字母“CODE ENERGY”为例，不同排列的数量为 $10!/3!$ 种。

DNA 研究 一位生物学家正在研究一种与遗传疾病有关的 DNA 片段。它由 23 个碱基对构成，其中 9 个必须为 A-T，另外 14 个必须为 G-C。这位生物学家希望为所有具有这些碱基对数目的 DNA 片段运行模拟任务，那么所需的模拟任务总数是多少？

我们首先计算 23 个碱基对所有可能的排列，然后将结果与 9 个重复的 A-T 以及 14 个重复的 G-C 碱基对相除，从而得到碱基对排列的数量：

$$\frac{23!}{(9!\times 14!)}=817\ 190$$

但问题尚未结束。如果将碱基对的取向考虑在内，就会得到下图所示结果。

二者有所不同

对于每一个 23 个碱基对的序列，存在 2^{23} 种不同的取向构型，因此序列总数为：

$$817\ 190\times 2^{23}\approx 7\ \text{万亿}$$

这只是一个已知分布的 23 个微小碱基对序列。迄今为止，最小的可复制 DNA 来自**猪圆环病毒**，包括 1800 个碱基对！从技术角度看，DNA 编码与生命确实令人叹为观止。一个难以置信的事实是，人类 DNA 约有 30 亿个碱基对，在人体的 3 万亿个细胞中复制。

1.3.4 组合

请读者想象一副包含所有黑桃花色的扑克牌♠（共 13 张），那么向对手发 6 张牌有多少种方式？在 13 个可能项中找出 6 种排列，共数量为 $\frac{13!}{(13-6)!}$ 种。由于 6 张牌的顺序无关紧要，我们必须将结果与 6! 相除，从而得到符合要求的组合数量。

$$\frac{13!}{6!(13-6)!}=1716$$

二项式$\binom{n}{m}$表示从一组 n 个项中选择 m 个项的方式的数量（不考虑顺序）：

$$\binom{n}{m}=\frac{n!}{m!(n-m)!}$$

上述二项式读作“n 选 m”。

> **皇后问题♛**　有一副空棋盘以及 8 个后，后可以放在棋盘的任何位置，那么后共有多少种不同的放置方式？

国际象棋棋盘由 64 个（8×8 方格的网格）组成。从 64 个可用的方格中选择 8 个，共有$\binom{64}{8}\approx 44$ 亿种方式。

1.3.5　求和

计数时经常需要对序列求和，序列和采用**求和符号**（∑）表示。在表达式中对 i 的每个值求和表示为：

$$\sum_{\text{下界}i}^{\text{上界}i} i\text{的表达式}$$

例如，对前 5 个奇数求和可以写作：

$$\sum_{i=0}^{4}(2i+1)=1+3+5+7+9$$

采用 0、1、2、3、4 替换 i，从而得到 1、3、5、7、9。类似地，对前 n 个自然数求和可以写作：

$$\sum_{i=1}^{n} i=1+2+\cdots+(n-1)+n$$

天才数学家高斯在 10 岁时，老师曾要求他对自然数求和。高斯没有采用逐一相加的方法，而是发现了一个巧妙的诀窍：

$$\sum_{i=1}^{n} i = \frac{n(n+1)}{2}$$

读者能猜出高斯是如何发现上述公式的吗？相关解释请参见附录。接下来，我们讨论如何利用它来解决实际问题。

> **廉价机票** 你需要在今后 30 天内随时飞往纽约，而机票价格会根据出发日期与返程日期发生无法预测的变化。那么必须查看多少对出发 / 返程日期，才能找到今后 30 天内往返纽约的最便宜的机票？

只要返程日期与出发日期为同一天或晚于出发日期，那么从今天（第 1 天）到最后一天（第 30 天）之间的任何出发 / 返程日期都是有效的。因此，第 1 天有 30 对有效的出发 / 返程日期，第 2 天有 29 对，第 3 天有 28 对，以此类推，第 30 天只有一对有效的出发 / 返程日期。换言之，总共需要考虑 30+29+⋯+2+1 对出发 / 返程日期。我们可以将其写作 $\sum_{i=1}^{30} i$，并利用高斯发现的诀窍计算它的值。

$$\sum_{i=1}^{30} i = \frac{30(30+1)}{2} = 465\text{对出发 / 返程日期}$$

也可以利用组合来解决这个问题。从 30 天中选择两天，顺序无关紧要：较早的一天作为出发日期，较晚的一天作为返程日期，由此可得 $\binom{30}{2} = 435$。请注意，必须将出发日期与返程日期为同一天的情况考虑在内。这样的组合共有 30 种，因此出发 / 返程日期的总数为 $\binom{30}{2} + 30 = 465$ 对。

1.4 概率

随机性原则有助于我们理解博彩、预报天气或设计低风险的备份系统。这些原则并不复杂，却被大多数人所误解。

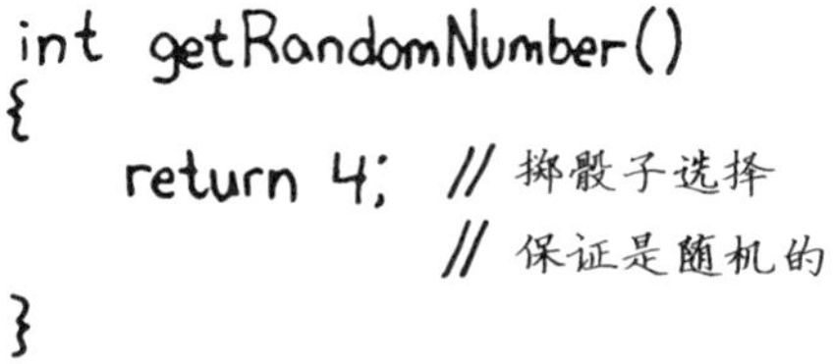

```
int getRandomNumber()
{
    return 4; // 掷骰子选择
              // 保证是随机的
}
```

图 1-8 “随机数”（取自 http://xkcd.com）

我们首先利用计数来计算赔率，然后学习如何使用不同的事件类型来解决问题，最后解释赌徒为何会输得精光。

1.4.1 对结果计数

一个骰子可以掷出 6 种可能的结果，即点数 1、2、3、4、5、6。因此，掷出点数 4 的概率为 1/6。那么掷出奇数点数的概率又如何呢？由于奇数点数有 3 个（点数 1、3、5），所以概率为 3/6 = 1/2。形式上，一个事件发生的概率为：

$$P(\text{事件})=\frac{\text{事件发生的次数}}{\text{可能的结果数量}}$$

如果骰子的平衡性良好且投掷者没有作弊，则每种可能的结果发生的概率相同，上述表达式成立。

> **团队建设（续）** 有 23 名候选者希望加入你的团队，你采用抛硬币的方式决定是否录用他们。对于每个候选者，如果抛出的硬币正面朝上，则录用他。那么没有录用任何候选者的概率有多大？

之前的示例曾经讨论过，共有 2^{23} = 8 388 608 种可能的团队配置。没有录用任何候选者的唯一方式是抛出的硬币连续 23 次正面朝下，因此这种情况发生的概率是 P(无人录用)=1/(8 388 608)——客观地说，商业航班失事的概率约为五百万分之一。

1.4.2 独立事件

抛硬币与掷骰子时，硬币正面朝上与掷出点数 6 的概率为 $1/2 \times 1/6 = 1/12 \approx 0.08$，即 8%。如果一个事件的结果不会对另一个事件的结果产生影响，则称二者相互**独立**。两个独立事件发生的概率是它们各自概率的乘积。

> **数据备份** 我们需要将数据保存一年。一种磁盘损坏的概率是十亿分之一，另一种磁盘的价格只有前者的 20%，但损坏的概率为两千分之一。那么应该选择昂贵的磁盘还是便宜的磁盘？

如果使用 3 张便宜的磁盘，那么仅当所有磁盘都损坏时才会丢失数据。这种情况发生的概率为 $(1/2000)^3 = 1/8\,000\,000\,000$。与昂贵的磁盘相比，3 张便宜磁盘提供的高冗余度能降低数据丢失的风险，而价格只有昂贵磁盘的 60%。

1.4.3 互斥事件

骰子不可能同时掷出点数 4 与某个奇数点数。因此，要么掷出点数 4 要么掷出某个奇数点数的概率为 $1/6+1/2 = 2/3$。如果两个事件不可能同时发生，则称二者**互斥**。如果希望任一互斥事件发生，将它们各自的概率相加即可。

> **订阅选项** 网站提供免费、基本、高级等 3 种订阅计划。已知一名随机的新用户有 70% 的概率选择免费计划，20% 的概率选择基本计划，10% 的概率选择高级计划。那么新用户注册付费计划的可能性有多大？

在本例中，事件是互斥的，即用户无法同时选择基本计划与高级计划。用户付费的概率为 $0.2 + 0.1 = 0.3$。

1.4.4 对立事件

骰子不可能同时掷出点数 3 的倍数（点数 3 和 6）与无法被 3 整除的点数，但必然会掷出其中之一。由于掷出点数 3 的倍数的概率为 2/6 = 1/3，掷出无法被 3 整除的点数的概率为 1−1/3 = 2/3。如果两个互斥事件涵盖所有可能的结果，则称二者对立。因此，对立事件的概率之和为 100%。

> **塔防游戏** 城堡由 5 座炮塔保护，每座炮塔有 20% 的概率在入侵者到达城堡前消灭它们。那么消灭入侵者的概率有多大？

读者是否认为炮塔击中入侵者的概率为 0.2 + 0.2 + 0.2 + 0.2 + 0.2 = 1（或 100%）？**错！**不要将各个独立事件的概率相加，这是一个常见的错误。本例需要应用两次对立事件。

- 20% 的命中概率与 80% 的未命中概率互为对立事件，因此所有炮塔均未命中的概率为 $0.8^5 \approx 0.33$。
- 事件“所有炮塔均未命中”与“至少有一座炮塔命中”互为对立事件，因此消灭入侵者的概率为 1−0.33 = 0.67。

1.4.5 赌徒谬误

如果将一枚普通的硬币向上抛 10 次，且 10 次均为正面朝上，那么在第 11 次抛出硬币时，是否正面朝下的概率更大一些呢？再者，购买彩票时选择数字 1 到 6，是否比选择均匀间隔的数字更不容易赢呢？

请记住，不要成为赌徒谬误的受害者。过去的事件永远不会影响独立事件的结果——永远不会。在真正的随机彩票抽奖中，选择任何指定数字获奖的概率与选择其他数字完全相同。不存在所谓的“潜规则”，使得之前不经常选择的数字在今后会被更频繁地选择。

1.4.6 高级概率

概率涉及的内容相当广泛，本节的介绍难免挂一漏万。在处理复杂问题时，务必记得寻找更多工具。举例如下。

> **团队建设（再续）** 有 23 名候选者希望加入你的团队，你采用抛硬币的方式决定是否录用他们。对于每个候选者，如果抛出的硬币正面朝上，则录用他。那么录用 7 名或更少候选者的概率有多大？

没错，这个问题并不简单。利用 Google 进行搜索，最终将引至“二项分布”。读者可以在 Wolfram Alpha 中输入“B(23,1/2) ≤ 7”来观察结果。

1.5　小结

这一章讨论了与求解问题密切相关的一些知识，但并未涉及任何实际的程序代码。1.1 节解释了将重要内容写下来的原因和方法。我们为需要解决的问题建模，并将概念工具应用于所创建的模型中。1.2 节讨论了布尔代数、真值表等处理逻辑问题所需的工具。

1.3 节讨论了计数，它在计算各种问题的可能性与配置时发挥了重要作用。快速进行粗略估算有助于判断计算是否可行，刚入行的程序员往往会浪费时间分析太多的情况。1.4 节解释了概率计算的基本规则。在这个美妙但不确定的世界中，概率对于解决问题至关重要。

在此基础上，我们简要介绍了学术界称为**离散数学**的许多重要知识点。读者可以从下面列出的参考资料或维基百科中找到更多有趣的定理。例如，根据“鸽巢原理”，不难证明纽约至少有两个人的头发数量一样多。

这一章讨论的部分内容与第 2 章密切相关。第 2 章将介绍计算机科学中最重要的概念——复杂度。

参考资料

- 《离散数学及其应用（第 7 版）》，Kenneth H. Rosen 著
- 周以真教授关于计算思维的幻灯片

第2章

复杂度

> 几乎所有计算都能采用各种方法完成，选择可以最大限度减少计算所需时间的方法至关重要。
>
> ——埃达·洛夫莱斯[①]

整理 26 张洗过的扑克牌需要多久？整理 52 张牌的时间是否两倍于此？整理 1000 副牌又要花多长时间？理牌所用的**方法**是固有的。

方法是实现目标所需的一系列明确指令，而**算法**是包含一系列有限运算的方法。例如，理牌算法就是一种方法，它指定了按花色与点数对 26 张牌排序所需的运算。

运算越少，所需的计算能力越少。如果希望缩短求解时间，就要监控算法的运算次数。当输入规模增长时，许多算法的运算次数将迅速增加。仍以理牌算法为例，利用它排序 26 张牌无须进行太多运算，但排序 52 张牌所需的运算量将 4 倍于此。

在问题规模增长时，为避免算法的性能下降，我们需要研究其**时间复杂度**。这一章将讨论以下内容：

- 计算并解释**时间**复杂度
- 采用华丽的**大 O** 符号表示时间复杂度的增长
- 避免使用**指数**算法
- 确保充足的计算机**内存**

不过，我们首先需要定义时间复杂度。

---

① 埃达·洛夫莱斯（1815—1852），英国数学家与作家，著名诗人拜伦之女，被公认为历史上第一位计算机程序员。为纪念她的贡献，美国国防部于 1980 年将一门高级程序设计语言命名为 Ada。——译者注

时间复杂度写作 $\mathbb{T}(n)$，它给出了算法在处理规模为 n 的输入时所执行的运算次数。也可将算法的时间复杂度视为算法的**运行成本**。如果理牌算法的时间复杂度为 $\mathbb{T}(n) = n^2$，那么可以做出如下预测：当一副牌的数量翻番时，排序所用的时间为 $\dfrac{\mathbb{T}(2n)}{\mathbb{T}(n)} = 4$ 。

好处着想，坏处准备

整理一堆几乎理过的牌，速度不是应该更快吗？输入规模并非影响算法运算次数的唯一因素。对于相同的 n 值，算法可以具有不同的 $\mathbb{T}(n)$ 值，我们需要考虑以下 3 种情况。

- **最好情况**：对于任意的输入规模，算法所需的最少运算次数。在排序中，如果输入已完成排序就会出现这种情况。
- **最坏情况**：对于任意的输入规模，算法所需的最多运算次数。在许多排序算法中，如果输入以倒序给出就会出现这种情况。
- **平均情况**：对于典型的输入规模，算法所需的平均运算次数。在排序中，通常会考虑随机顺序的输入。

一般而言，最坏情况最为重要，它提供了一种可以信赖的保证。如果不做特别说明，我们总是考虑最坏情况。下面开始实际分析最坏情况。

图 2-1　“时间估算”（取自 https://xkcd.com/）

2.1 时间计算

假设输入规模为 n，借由计算输入所需的基本运算次数，就能找出算法的时间复杂度。我们通过**选择排序**（一种使用嵌套循环的算法）加以说明。如下所示，外层 for 循环负责更新正在排序的当前位置，而内层 for 循环负责选择处于当前位置的项。[①]

```
function selection_sort(list)
    for current ← 1 … list.length - 1
        smallest ← current
        for i ← current + 1 … list.length
            if list[i] < list[smallest]
                smallest ← i
        list.swap_items(current, smallest)
```

如果列表包括 n 项，我们考虑在最坏情况下会发生什么。外层循环将运行 $n-1$ 次，每次执行两项操作（分别为赋值与交换），共计 $2n-2$ 次操作。内层循环首先运行 $n-1$ 次，然后运行 $n-2$ 次、$n-3$ 次，以此类推。根据第 1 章的讨论，对这些类型的序列求和：[②]

$$\text{内层循环的运行次数} = \overbrace{\underbrace{n-1}_{\text{第1次外层循环}} \quad + \quad \underbrace{n-2}_{\text{第2次外层循环}} + \cdots + 2 + 1}^{\text{外层循环一共运行}n-1\text{次}}$$

$$= \sum_{i=1}^{n-1} i = \frac{(n-1)n}{2} = \frac{n^2-n}{2}$$

在最坏情况下，if 条件总是满足的。换言之，内层循环将执行 $(n^2-n)/2$ 次比较操作与赋值操作，共计 n^2-n 次操作。因此，算法的成本为外层循环与内层循环的操作次数之和，即 $2n-2$ 与 n^2-n 之和。由此得到选择排序算法的时间复杂度：

$$\mathbb{T}(n) = n^2 + n - 2$$

---

① 为理解选择排序算法，请将程序写下来，给出一个小的输入并观察运行结果。

② 回忆 1.3 节给出的求和公式：$\sum_{i=1}^{n} i = n(n+1)/2$。

如果列表大小为 $n = 8$，那么当 n 倍增后，排序时间将乘以：

$$\frac{\mathbb{T}(16)}{\mathbb{T}(8)} = \frac{16^2 + 16 - 2}{8^2 + 8 - 2} \approx 3.86$$

如果 n 再次倍增，排序时间将乘以 3.90。如果 n 继续倍增 3 次，排序时间将依次乘以 3.94、3.97 与 3.98。读者是否注意到这个数字越来越接近 4？也就是说，对 200 万个项排序时，所需时间是对 100 万个项排序的 4 倍。

理解增长

假设算法的输入规模极大，且将继续增加。在预测执行时间将如何增长时，并不需要求出 $\mathbb{T}(n)$ 的所有项，我们可以通过增长最快的项（称为主项）对 $\mathbb{T}(n)$ 进行近似。

> **索引卡片** 昨天你打翻了一盒索引卡片，于是利用选择排序算法耗时两小时进行整理。今天你又打翻了 10 盒卡片，那么需要多长时间进行整理？

根据前面的讨论可知，选择排序算法的时间复杂度为 $\mathbb{T}(n) = n^2 + n - 2$。由于增长最快的项是 n^2，可以认为 $\mathbb{T}(n) \approx n^2$。假设一盒中有 n 张卡片，则：

$$\frac{\mathbb{T}(10n)}{\mathbb{T}(n)} \approx \frac{(10n)^2}{n^2} = 100$$

换言之，需要花费大约 $100 \times (2\text{ 小时}) = 200$ 小时来整理卡片！那么，换用不同的排序方法能否缩短整理时间呢？例如，冒泡排序算法的时间复杂度为 $\mathbb{T}(n) = 0.5n^2 + 0.5n$。利用增长最快的项对 $\mathbb{T}(n)$ 进行近似可得 $\mathbb{T}(n) \approx 0.5n^2$，因此：

$$\frac{\mathbb{T}(10n)}{\mathbb{T}(n)} \approx \frac{0.5 \times (10n)^2}{0.5 \times n^2} = 100$$

可以看到，系数 0.5 相互抵消。也就是说，希望 $n^2 + n - 2$ 与 $0.5n^2 + 0.5n$ 像 n^2 一样增长并非易事。那么，函数中增长最快的项是如何忽略所有其他项并主导增长呢？我们通过示意图来解释这个问题。

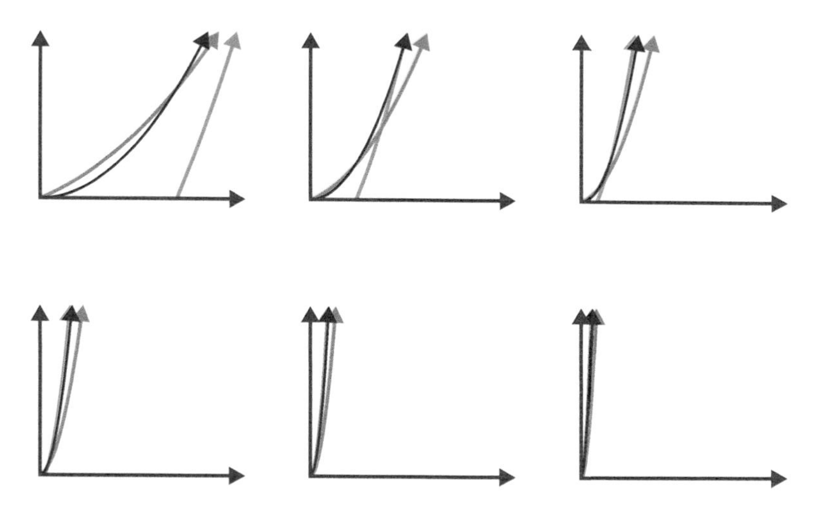

图 2-2　随着 n 越来越大，n^2、$n^2 + n - 2$、$0.5n^2 + 0.5n$ 越来越接近

图 2-2 以不同的缩放比例显示了两个时间复杂度与 n^2 的对比。随着 n 的值越来越大，三者的曲线似乎越来越接近。实际上，可以用任何数字替换 $\mathbb{T}(n) = \blacksquare n^2 + \blacksquare n + \blacksquare$ 中的方块，其增长仍然类似于 n^2。

请记住，如果不同函数中增长最快的项相同，它们的曲线就会越来越接近。一个呈线性增长的函数（n）的曲线永远不会越来越接近于一个呈二次增长的函数（n^2），它的曲线也永远不会越来越接近于一个呈三次增长的函数（n^3）。

因此，如果输入极大，那么具有线性成本的算法在性能上优于具有二次成本的算法，而后者在性能上优于具有三次成本的算法。理解这一点后，学习下一节将易如反掌：我们将讨论利用华丽的大 O 符号来表示复杂度。

2.2 大 O 符号

增长的程度通常用一种特殊的符号表示，这就是大 O 符号。如果增长最快的项为 2^n（或更弱），则函数的时间复杂度为 $\mathcal{O}(2^n)$；对于呈二次增长（或更弱）的函数，其时间复杂度为 $\mathcal{O}(n^2)$；对于呈线性增长（或更弱）的函数，其时间复杂度为 $\mathcal{O}(n)$；以此类推。大 O 符号用于表示最坏情况下算法成本函数的主项，它是时间复杂度的标准表示法。

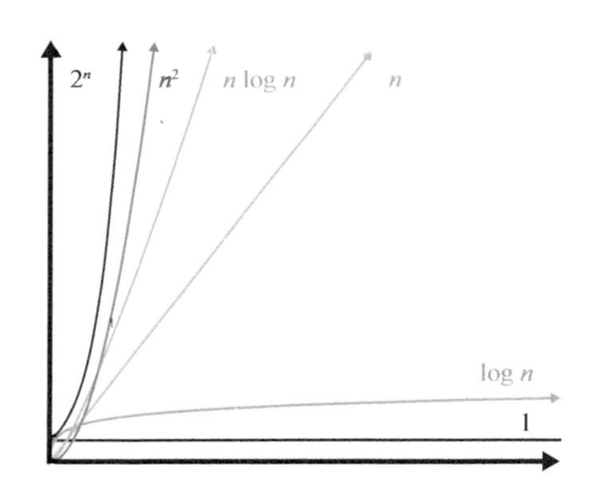

图 2-3 常见函数的时间复杂度

选择排序与冒泡排序算法的时间复杂度均为 $\mathcal{O}(n^2)$，但我们很快会发现，使用时间复杂度为 $\mathcal{O}(n \log n)$ 的算法也能完成同样的任务。对于 $\mathcal{O}(n^2)$ 算法，如果输入规模增加 10 倍，运行成本将增加 100 倍；而对于 $\mathcal{O}(n \log n)$ 算法，如果输入规模增加 10 倍，运行成本只会增加 $10 \log 10 \approx 34$ 倍。

当 n 增加到 100 万时，n^2 的结果为 1 万亿，而 $n \log n$ 的结果仅为 600 万。如果输入很大，那么 $\mathcal{O}(n^2)$ 算法可能需要几年才能得到结果，而使用 $\mathcal{O}(n \log n)$ 算法几分钟即可运行完毕。有鉴于此，如果所设计的系统需要处理极大的输入，那么时间复杂度分析必不可少。

在计算系统的设计中，预测最频繁的运算至关重要，然后可以对执行这些运算的不同算法的大 O 成本进行比较。[①] 此外，大多数算法只适用于

① 求解各种常见问题所用的算法，其大 O 复杂度请参见 http://bigocheatsheet.com/。

特定的输入结构。如果提前选择算法，就能相应地构造输入数据。

无论输入规模大小如何，某些算法的时间复杂度始终为常数时间 $\mathcal{O}(1)$。例如，判断二进制数的奇偶性时，只需观察最后一位数字的奇偶性即可。接下来的章节将介绍更多神奇的 $\mathcal{O}(1)$ 算法，但我们首先来讨论一下那些不太神奇的算法。

2.3 指数

时间复杂度为 $\mathcal{O}(2^n)$ 的算法称为**指数时间**算法。在图 2-3 中，二次函数 n^2 与指数函数 2^n 的曲线似乎并无太大不同。但随着 n 的增大，指数函数的增长显然远超二次函数（见图 2-4）。

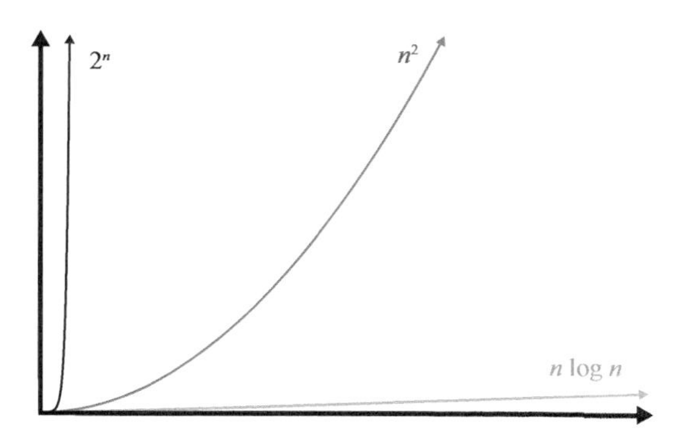

图 2-4 不同函数的时间复杂度（示意图放大后）；线性函数与对数函数的曲线增长过小，图中已不可见

由于指数时间的增长是如此之快，我们认为指数时间算法"无法运行"。它们适用的输入类型凤毛麟角，且除非输入规模很小，否则算法将消耗大量的计算能力，即便优化代码的各个环节或使用超级计算机也无济于事。指数总是呈压倒性增长，以至于指数时间算法不具备可行性。

为说明指数增长的爆炸性，我们进一步放大示意图并调整数字（见图 2-5）。指数函数 2^n 的底数从 2 降至 1.5，其增长除以 1000；多项式 n^2 的指数从 2 增至 3，其增长乘以 1000。

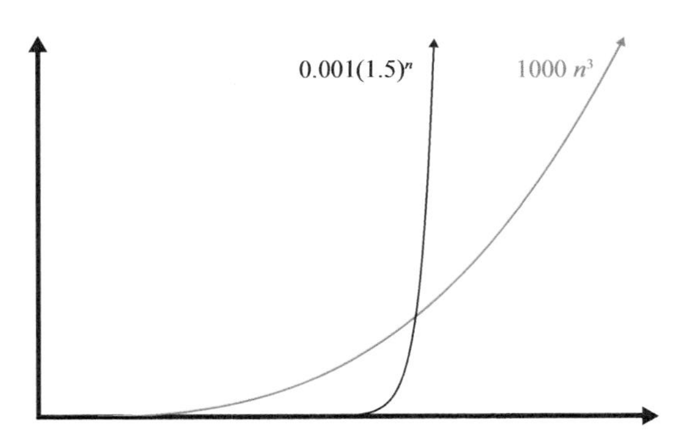

图 2-5 多项式的增长无法超过指数函数；在这个缩放比例上，即便是 $n \log n$ 曲线的增长也因过小而不可见

某些算法的性能甚至比指数时间算法更差。以**阶乘时间**算法为例，其时间复杂度为 $\mathcal{O}(n!)$。尽管指数时间算法与阶乘时间算法令人生畏，但我们需要利用它们解决著名的 **NP 完全问题**，它是难度最大的一类计算问题。第 3 章将讨论若干重要的 NP 完全问题。就目前而言，请记住这一点：如果读者能首先找出某个 NP 完全问题的非指数算法，将获得克雷数学研究所颁发的 100 万美元奖金。①

了解所要处理的问题类型十分重要。如果已知该问题是 NP 完全的，那么试图找出最优解无异于缘木求鱼——除非读者的目标是赢得 100 万美元奖金。

2.4 内存计算

即便操作的执行速度可以无限快，计算能力也是有限的。在执行过程中，算法需要存储空间来跟踪正在进行的计算。这需要消耗**计算机内存**，它并非无限的资源。

① 现已证明，任何 NP 完全问题的非指数算法都可以推广到所有 NP 完全问题。目前尚不清楚这样的算法是否存在，因此如果读者能证明某个 NP 完全问题无法采用非指数算法解决，那么也可以获得 100 万美元。

对算法所需存储空间的量度称为**空间复杂度**。空间复杂度分析与时间复杂度分析类似，区别在于它的研究对象是计算机内存而非计算操作。与处理时间复杂度一样，我们将讨论空间复杂度如何随算法输入规模的增长而变化。

以 2.1 节介绍的选择排序算法为例，它只需要一组固定的变量作为存储空间。由于变量的数量不依赖于输入规模，可以将选择排序算法的空间复杂度记作 $\mathcal{O}(1)$。换言之，无论输入规模如何，这种算法都要消耗相同的计算机内存作为存储空间。

然而，许多其他算法所需的存储空间会随着输入规模的增长而增长。某些情况下，不可能满足算法对内存的要求。例如，无法找到一种既满足时间复杂度为 $\mathcal{O}(n \log n)$、又满足空间复杂度为 $\mathcal{O}(1)$ 的排序算法。受制于计算机内存，我们有时不得不做出权衡。如果内存较小，或许选择时间复杂度为 $\mathcal{O}(n^2)$ 的算法才是上策，因为其空间复杂度为 $\mathcal{O}(1)$。在接下来的章节中，我们将讨论如何通过巧妙的数据处理改进空间复杂度。

2.5 小结

算法不同，所需的计算时间与计算机内存也有所不同。借由时间复杂度与空间复杂度分析，可以对算法性能进行评估。我们通过计算**精确的** $\mathbb{T}(n)$ 函数（即算法执行的运算次数）来求解时间复杂度。

这一章还讨论了如何通过大 O 符号（$\mathcal{O}$）来表示时间复杂度，本书将使用这个符号对算法进行简单的时间复杂度分析。很多情况下，在推断算法的大 O 复杂度时无须计算 $\mathbb{T}(n)$。下一章将介绍复杂度计算的简便方法。

由于执行指数算法的成本会急剧增加，在输入很大时使用指数算法并不可行。此外，我们还讨论了以下问题。

- 对于不同的算法，执行算法所需的运算是否存在显著差异？
- 将输入规模乘以某个常数，算法的运行时间会发生哪些变化？
- 当输入规模增长时，算法的运算次数是否会随之增加？

- 给定输入规模时，如果算法的运行速度过慢，那么优化算法或使用超级计算机是否有用？

下一章将重点探讨算法设计背后的策略与时间复杂度之间的关系。

参考资料

- 《计算机程序设计艺术（卷 1）》[①]，高德纳著
- 视频“P vs. NP and the Computational Complexity Zoo”，上传者 hackerdashery
- 视频“What Is Big O? (Comparing Algorithms)”，上传者 Undefined Behavior

① 该书第 3 版已由人民邮电出版社出版，详见 http://www.ituring.com.cn/book/993。——编者注

第3章 策　略

找到一种好的走法后，设法寻找更好的走法。

——伊曼纽尔·拉斯克①

历史会铭记那些运用合理谋略取得伟大成就的将军，运筹帷幄是顺利解决问题的先决条件。这一章将讨论算法设计中使用的主要策略，包括：

- 通过**迭代**处理重复性任务
- 利用**递归**优雅地进行迭代
- 为节省时间，在资源允许时通过**蛮力法**求解问题
- 测试不可行的选择并**回溯**
- 采用**启发法**合理地缩短求解时间
- 采用**分治法**求解最难的问题
- **动态地**识别重复问题以免重复浪费资源
- 对问题**定界**以缩小求解范围

这一章将涉及大量数学工具，但无须担心，我们将从简单的问题入手，逐步介绍各种方法，探讨如何构建更好的解。读者很快就能为计算问题找到合理且富有说服力的解。

3.1　迭代

迭代策略利用循环（如 for 和 while）来重复一个过程，直至满足某个条件。循环中的每一步都称为**迭代**。迭代非常适合在输入中运行，并在每个部分应用相同的操作。举例如下。

① 伊曼纽尔·拉斯克（1868—1941），德国国际象棋大师，26 岁时成为国际象棋史上第二位世界冠军。拉斯克也是一位数学家，曾师从于数学大师希尔伯特，并以对交换代数的贡献而闻名于世。虽然身为国际象棋大师，但拉斯克对围棋十分推崇，称赞围棋是“天外文明”。——译者注

鱼类团聚 分别给出咸水鱼和淡水鱼的列表，两个列表中的鱼名均按字母顺序排列。如何创建一个包含所有鱼类的列表（鱼名按字母顺序排列）？

如下所示，我们迭代地比较两个列表中的顶部元素。

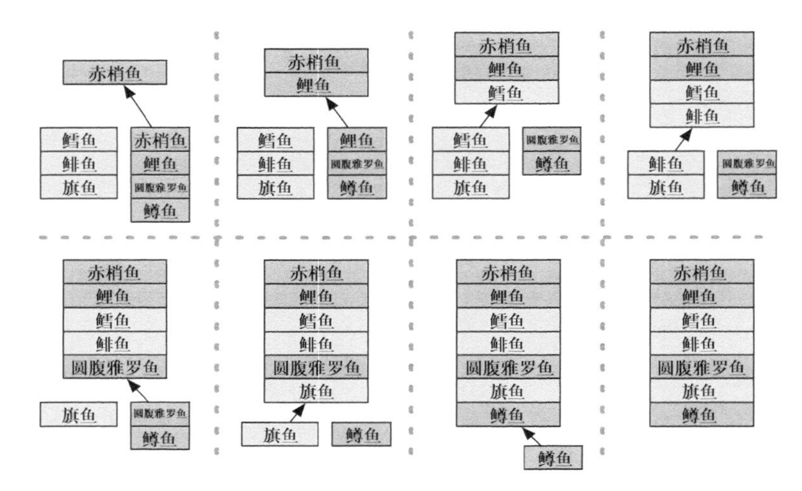

图 3-1 将两个排序列表合并到第 3 个排序列表中

可以通过一个 while 循环实现上述过程。

```
function merge(sea, fresh)
    result ← List.new

    while not (sea.empty and fresh.empty)
        if sea.top_item > fresh.top_item
            fish ← sea.remove_top_item
        else
            fish ← fresh.remove_top_item
        result.append(fish)

    return result
```

程序将循环遍历输入中的所有鱼名，对每个名称执行固定数量的操作。[①] 因此，merge 算法的时间复杂度为 $\mathcal{O}(n)$。

① 输入规模是合并后两个输入列表中的元素数量。while 循环对每个元素执行 3 次操作，因此 $\mathbb{T}(n) = 3n$。

嵌套循环与幂集

第 2 章讨论了 `selection_sort` 函数使用嵌套在另一个循环中的循环。接下来将介绍如何利用嵌套循环来计算**幂集**。给定对象 S 的集合，其幂集是由 S 的全部子集构成的集合。[①]

> **香味的秘密** 香水提炼自各种花香。给定花的集合 F，如何列出所有可以制造的香水？

任何香水都由 F 的一个子集制成，因此 F 的幂集包括所有可能的香水，可以通过迭代法进行计算。如果没有花，那么只可能制造一种香水，即无味的香水。每增加一种花，我们复制已有的香水，并将新的花加入到复制后的香水中。通过图 3-2 不难理解这个过程。

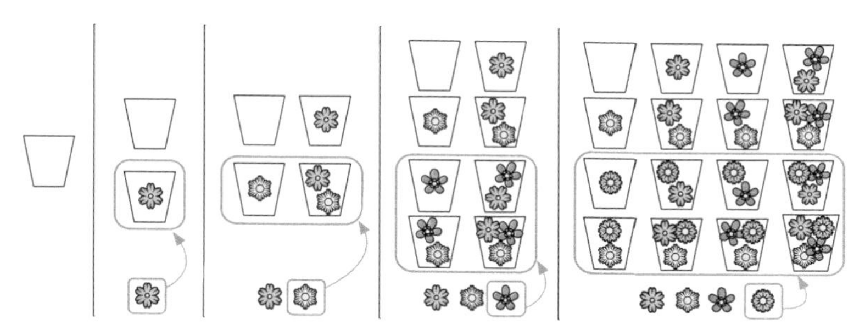

图 3-2　迭代地列出 4 种花可以制造的所有香水

采用循环不难描述上述过程：外层循环负责跟踪下一种需要考虑的花，而内层循环负责复制香水，并将当前的花加入到复制后的香水中。

```
function power_set(flowers)
    fragrances ← Set.new
    fragrances.add(Set.new)
    for each flower in flowers
        new_fragrances ← copy(fragrances)
        for each fragrance in new_fragrances
            fragrance.add(flower)
        fragrances ← fragrances + new_fragrances
    return fragrances
```

① 有关集合的详细解释请参见附录。

每增加一种花，fragrances 的数量将增加一倍，说明 power_set 算法呈指数增长（$2^{k+1} = 2 \times 2^k$）。如果输入规模每增加一项都会导致算法的运算次数倍增，表示该算法具有指数时间，其时间复杂度为 $\mathcal{O}(2^n)$。

构建幂集相当于构建真值表（相关讨论请参见 1.2 节）。如果将每种花映射到一个布尔变量，那么任何香水都可以表示为这些变量的 True/False 值。在这些变量构成的真值表中，每行代表一种可能的香水配方。

3.2 递归

递归表示函数在定义中**调用自身**。因此，我们自然会想到利用递归算法来求解那些涉及**自身**定义的问题。以著名的斐波那契数列为例，前两个数为 1，之后的每个数均为前两个数之和：1、1、2、3、5、8、13、21……[①] 那么，如何编写一个返回第 *n* 个斐波那契数的函数呢？

```
function fib(n)
    if n ≤ 2
        return 1
    return fib(n - 1) + fib(n - 2)
```

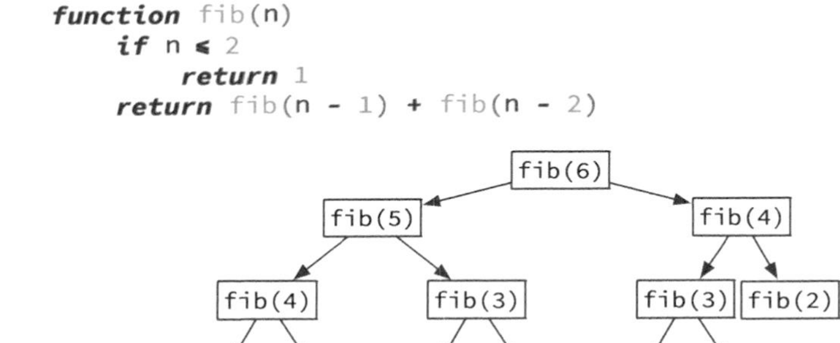

图 3-3 递归地计算第 6 个斐波那契数

对于涉及自身定义的问题，可以考虑使用递归。例如，判断一个单词是否属于回文[②]，即检查单词被反转后是否保持不变。此外，如果一个单词的首

① 如果考虑第 0 项，则斐波那契数列为 0、1、1、2、3、5、8、13、21……换言之，斐波那契数列的前两个数要么为 1 和 1，要么为 0 和 1，取决于所选的起始项是第 1 项还是第 0 项。——译者注

② 回文单词正读或反读均相同，如 Ada（埃达）与 racecar（赛车）。

尾字符相同，且首尾字符之间的子单词属于回文，则该单词同样属于回文。

```
function palindrome(word)
    if word.length ≤ 1
        return True
    if word.first_char ≠ word.last_char
        return False
    w ← word.remove_first_and_last_chars
    return palindrome(w)
```

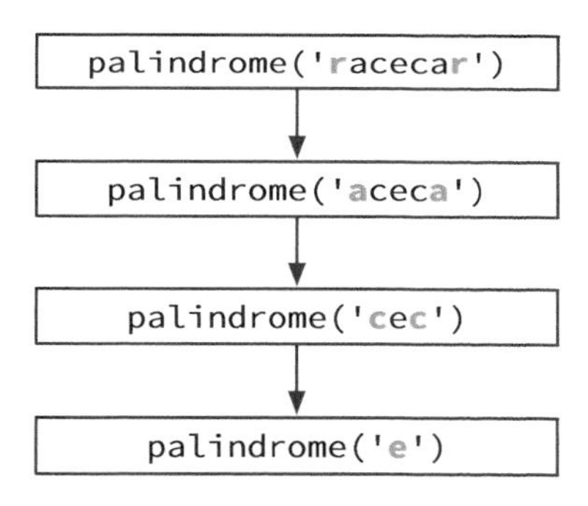

图 3-4 递归地检查 racecar 是否属于回文

在递归算法中，当输入减小到无法再小时则达到**基线条件**。Fib 算法的基线条件为数字 1 和 2，而 palindrome 算法的基线条件为包含一个或零个字符的单词。

递归与迭代

与迭代算法相比，递归算法通常更简短。观察以下递归算法，并与前一节未使用递归的 power_set 算法进行比较。

```
function recursive_power_set(items)
    ps ← copy(items)
    for each e in items
        ps ← ps.remove(e)
        ps ← ps + recursive_power_set(ps)
        ps ← ps.add(e)
    return ps
```

然而，简单并非没有代价。递归算法在执行时会大量调用自身，从而引入计算开销。计算机必须跟踪未完成的递归调用及其部分计算，内存消耗将因此而增加。此外，从当前递归调用切换到下一个递归调用并返回也需要额外的 CPU 周期。

我们可以通过**递归树**直观地理解这个潜在问题。递归树是一种示意图，展示了算法在逐渐增加的计算过程中如何产生更多的调用。图 3-3 是计算斐波那契数计算的递归树，图 3-4 是检查回文单词的递归树。

如果必须最大限度提高性能，可以采用纯粹的迭代形式重写递归算法以避免引入开销，这总是可以实现的。不过我们需要做出权衡：迭代代码的速度通常更快，但更为复杂且更难理解。

3.3 蛮力法

蛮力策略对问题**所有**可能的候选解进行检验，也称为穷举搜索。这是一种朴素且毫无技巧可言的策略：即便存在数十亿个候选解，蛮力法也完全依靠计算机的**力量**来逐一检验每个解。

图 3-5 蛮力策略的简单解释（取自 http://geek-and-poke.com/）

接下来，我们讨论如何利用蛮力法求解以下问题。

> **最佳交易** 我们了解一段时间内的每日金价，并希望从中找出两个交易日，如果在此期间买入然后卖出黄金，就能实现利润最大化。

最低价买入、最高价卖出并非总是可行：最低价可能出现在最高价之后，我们无法预知。蛮力法通过评估**所有可能的交易日组合**进行求解：获取每个交易日组合的利润，并与目前找到的最佳交易进行比较。不难看出，交易日组合的数量将随时间间隔的增加呈二次增长。[①] 无须编写代码，我们已可确定蛮力算法的时间复杂度必然为 $O(n^2)$。

某些策略具有更好的时间复杂度，稍后将讨论利用这些策略求解最佳交易问题。但蛮力法有时的确能提供最好的时间复杂度，举例如下。

> **背包问题** 你将准备销售的物品放进背包。但背包的承重有限，无法携带所有物品，因此必须对装入背包的物品做出选择。给定每件物品的重量和销售价值，那么携带哪些物品才能获得最大利润？

物品的幂集[②] 包括所有可能的物品选择，蛮力法将对所有物品选择进行检验。我们已经了解计算幂集的方法，因此利用蛮力算法求解背包问题并非难事。

```
function knapsack(items, max_weight)
    best_value ← 0
    for each candidate in power_set(items)
        if total_weight(candidate) ≤ max_weight
            if sales_value(candidate) > best_value
                best_value ← sales_value(candidate)
                best_candidate ← candidate
    return best_candidate
```

n 件物品共有 2^n 种物品选择。我们检查每种物品选择的总重是否不超过背包容量，以及它的销售价值是否高于目前找到的最高价值。由于对每种物品选择都要进行固定数量的操作，算法的时间复杂度为 $O(2^n)$。

---

① 根据 1.3 节的讨论可知，如果时间间隔为 n，则交易日组合的数量为 $n(n+1)/2$。

② 有关幂集的解释请参见附录。

然而，检查所有物品选择并非必须。因为许多选择会使背包处于半空状态，意味着存在更好的方法。[①] 接下来，我们将讨论有助于优化搜索的策略，以便在求解过程中尽可能丢弃无用的候选解。

3.4 回溯法

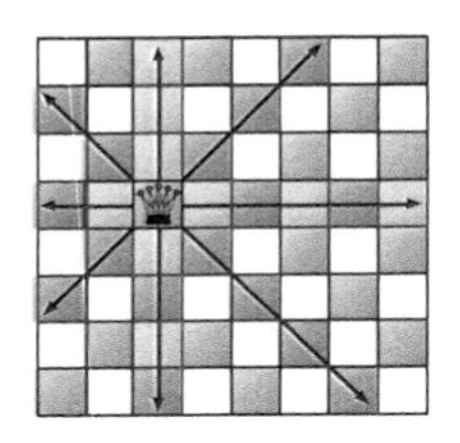

读者是否下过国际象棋？己方棋子可以在一个 8 × 8 的棋盘上移动以攻击对方棋子。后是实力最强的棋子，它能吃掉处于同一行、同一列或同一斜线的对方棋子。我们以一个著名的国际象棋问题为背景讨论回溯法。

> **八皇后问题♛** 在棋盘上放置 8 个后，如何才能使它们无法相互攻击？

请读者尝试手动求解，但会发现这并非易事。[②] 图 3-6 显示了其中一种可以使所有后和平共处的摆放方法。

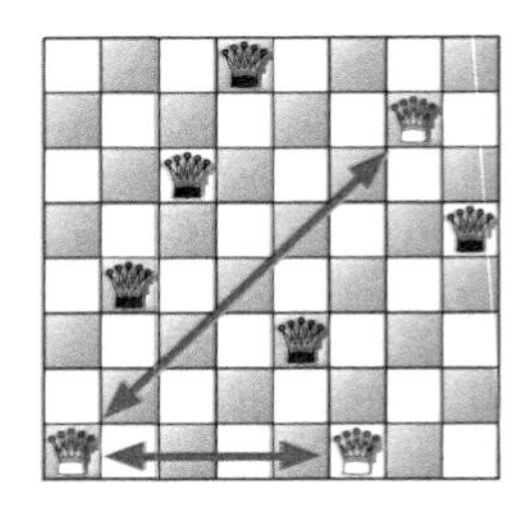

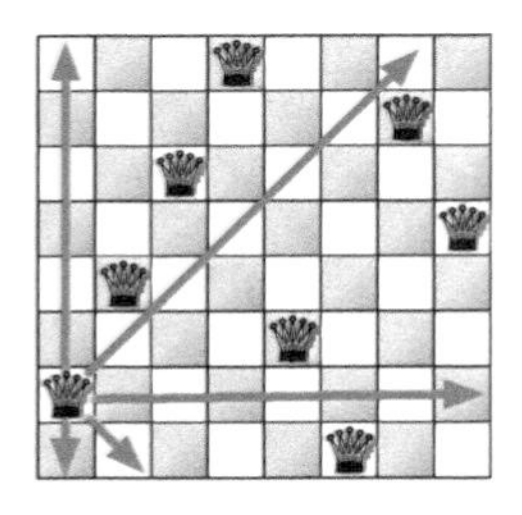

图 3-6 最左侧的后会攻击其他后；将其上移一格，所有后就无法相互攻击

① 背包问题属于 2.3 节讨论的 NP 完全问题。无论采用哪种策略，仅有指数算法可以解决这个问题。

② Code Energy 提供了在线解答八皇后问题的平台：https://code.energy/8-queens-problem/。

1.3 节曾经讨论过，8 个后在棋盘上的摆放方法超过 40 亿种，因此试图利用蛮力法检验所有摆放方法显然不可行。想象一下，如果前两个后被置于能相互吃掉对方的位置，那么接下来的后无论放在何处都无法使问题有解。然而，蛮力法将时间浪费在检验这些没有意义的摆放方法上。

因此，仅搜索**可行**的位置会更有效率。第一个后可以放在任何位置；即将放置的后受限于已经放置的后，即不能将一个后放在另一个后的攻击范围之内。遵循这条原则，也可能在完成所有 8 个后的摆放之前，棋盘上就已没有可行的位置（见图 3-7）。

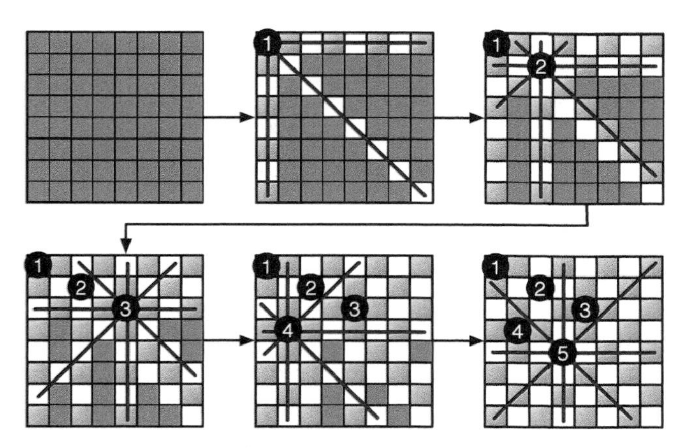

图 3-7　一个后的位置会对即将放置的后产生限制

图 3-7 所示的情况意味着最后一个后放错了位置，因此我们进行**回溯**：回滚到前一个位置，然后继续搜索。这就是回溯策略的本质所在：始终保持所有的后处于不会相互攻击的位置；一旦陷入困境，回滚到最后一个后的位置并重新选择。可以通过递归简化上述流程。

```
function queens(board)
    if board.has_8_queens
        return board
    for each position in board.unattacked_positions
        board.place_queen(position)
        solution ← queens(board)
        if solution
            return solution
        board.remove_queen(position)
    return False
```

完成一个后的摆放后，程序将循环遍历下一个后的所有可行位置。程序利用递归算法检验将一个后放在每个可行位置上能否使问题有解，过程如图 3-8 所示。

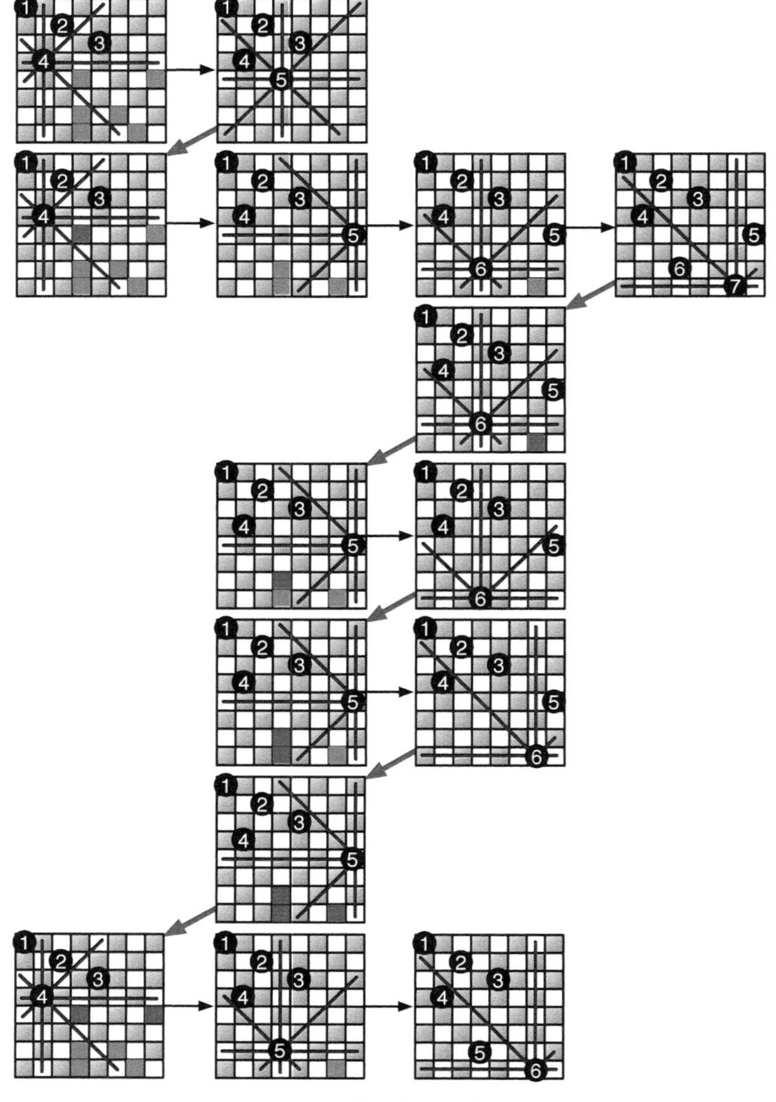

图 3-8 八皇后问题中的回溯

如果解是一系列选择，且后续选择受限于已做出的选择，则回溯法是求解问题的最有效方法。这种策略有助于尽早确定那些无法使问题有解的选择，从而在最短时间内退回到上一步并尝试其他选择。常言道，**早失败，常失败**。

3.5 启发法

标准的国际象棋包括 32 枚棋子，它们分为 6 种类型，可以在 64 个方格中移动。在走完前 4 步后，就已出现 2880 亿种可能的位置。世界上最强的棋手也无法找到最合适的走法，但他们会依靠直觉找出一种**足够好**的走法。同样的思路也适用于算法。**启发式方法**（或简称**启发法**）是一种不保证能得到最佳解或最优解的方法。当蛮力法或回溯法这样的方法过慢时，改用启发法可能会有所帮助。在许多有趣的启发法中，我们将重点讨论最简单的**非回溯**。

3.5.1 贪心法

贪心法是求解问题时一种极为常用的启发法，这种策略永远不会回退到之前的选择。与回溯法相反，贪心法尝试在每一步都做出最佳选择，且它具有无后效性。我们将 3.3 节讨论的背包问题稍加改动，然后利用贪心法求解。

> **邪恶背包问题** 一名贪心的窃贼闯入你家窃取准备销售的物品，他决定将偷来的东西装入背包。那么他会偷哪些东西？记住，窃贼在你家停留的时间越短，被抓住的可能性就越小。

从本质上说，上述问题的最优解应该与背包问题完全相同。但窃贼来不及计算所有物品组合，也没有时间不断回溯并拿出已经装入背包的物品。贪心的窃贼会不断将最值钱的物品装入背包，直到无法装下更多东西为止。

```
function greedy_knapsack(items, max_weight)
    bag_weight ← 0
    bag_items ← List.new
```

```
for each item in sort_by_value(items)
    if max_weight ≥ bag_weight + item.weight
        bag_weight ← bag_weight + item.weight
        bag_items.append(item)
return bag_items
```

我们并未考虑某种选择如何对之后的选择产生影响。与蛮力法相比，贪心法能更快地找到一种物品选择，但并不保证会找到组合价值最高的选择。

在计算思维中，“贪婪”并非罪恶的代名词。即便是诚实的商人，也可能希望利用贪心法解决与打包或旅行有关的问题。

> **旅行推销员（续）** 推销员必须到访 n 座给定的城市，并在旅程结束时回到出发地。哪种旅行计划能使旅行的总距离最短？

正如 1.3 节讨论的那样，即便只有少量城市，需要考虑的城市排列也会达到相当惊人的数量。为涉及几千座城市的旅行推销员问题寻求最优解耗费极其昂贵，或根本无法实现。[①] 但我们仍然需要找到一条路线，一种简单的贪心算法如下所示。

(1) 到访最近一座未曾到访过的城市。
(2) 重复上述步骤，直至到访所有城市。

读者能否找到比贪心法更好的启发法呢？这是计算机科学家一直致力于研究的一个问题。

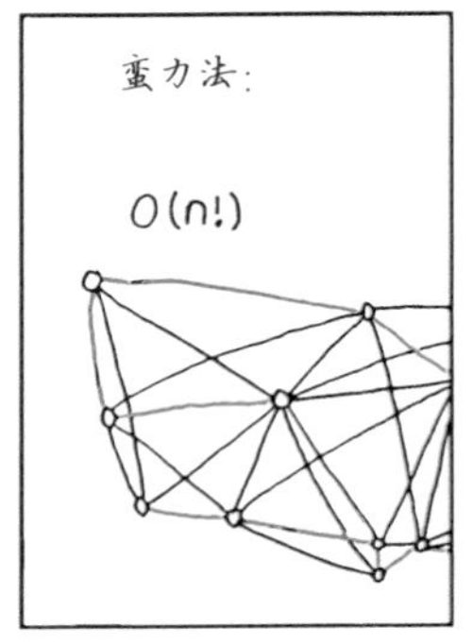

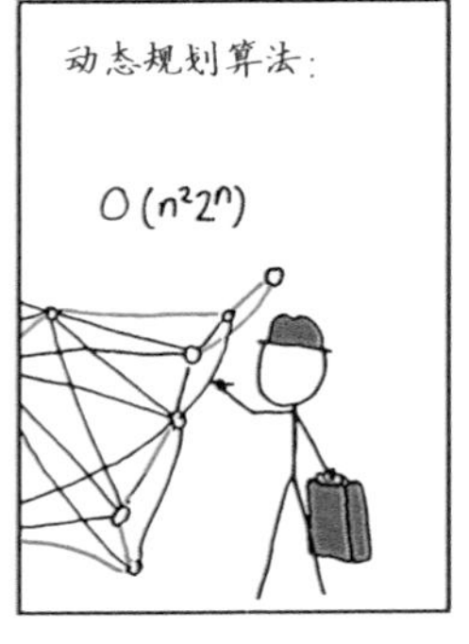

图 3-9 “旅行推销员问题”

① 旅行推销员问题属于 2.3 节讨论的 NP 完全问题，无法找到比指数算法更好的最优解。

3.5.2 利用贪心法求解电网问题

求解问题时，需要在启发式算法与经典算法之间做出权衡。例如，愿意接受何种程度的背包最大利润或旅行最佳路线？应根据具体情况进行选择。

然而，即便在绝对需要最优解的情况下，也不要将启发法束之高阁。某些情况下，利用启发法同样可能获得最优解。例如，我们可以编写一种贪心算法，系统地找出与蛮力法相同的解。举例如下。

> **电网连接** 偏远地区的定居点没有电力供应，但其中一个定居点正在建设一座发电厂。电力经由输电线从一个定居点输送到其他与之相连的定居点，那么如何使用最短的输电线将所有定居点连入电网？

这个问题并不复杂，思路如下。

(1) 从尚未连入电网的定居点中，选择与已有电力供应的定居点距离最近的那个定居点，并将二者连接起来。

(2) 重复上述步骤，直至将所有定居点连入电网。

在每一步中，我们选择当前看来最好的一对定居点进行连接。即便不考虑某种选择如何影响之后的选择，将最近一个没有电力供应的定居点连入电网也始终是正确选择。幸运的是，这个问题的结构非常适合通过贪心算法进行求解。下一节将讨论如何对问题分而治之，这也是那些著名将领采用的策略。

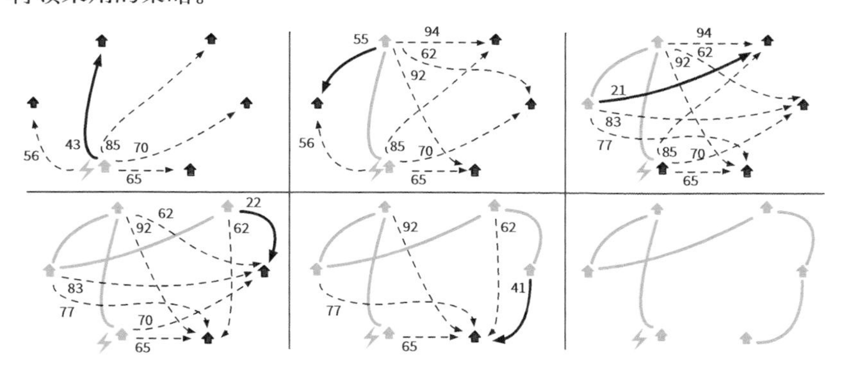

图 3-10 利用贪心法求解电网问题

3.6 分治法

分割成块的敌人便于各个击破。凯撒与拿破仑之所以能统治欧洲，是因为他们对敌人采取分而治之的策略。相同的策略也可以用于求解问题，尤其是那些具有**最优子结构**的问题：将这些问题分解为若干相似但更小的子问题；反复进行分解操作，直至子问题变得易于求解；将各个子问题的解合并在一起，即可得到原问题的解。

3.6.1 利用分治法求解排序问题

如果需要对一个大列表排序，可以将其一分为二，得到两个待排序的子问题。利用 merge 算法[①]将两个子问题的解（即经过排序的两个子列表）合二为一，就能实现对整个列表的排序。那么如何对两个子问题排序呢？将二者分解为子子问题，然后进行排序与合并。新的子子问题仍然可以继续分解、排序与合并。分解操作一直进行下去，直至达到基线条件，即仅包含一个元素的列表，而它已经是排好序的。

```
function merge_sort(list)
    if list.length = 1
        return list
    left ← list.first_half
    right ← list.last_half
    return merge(merge_sort(left),
                 merge_sort(right))
```

这种优雅的递归算法称为**归并排序**。对于 3.2 节讨论的斐波那契数列，可以通过图 3-11 所示的递归树观察 merge_sort 函数调用自身的次数。

① 本章讨论的第一个算法（详见 3.1 节）。

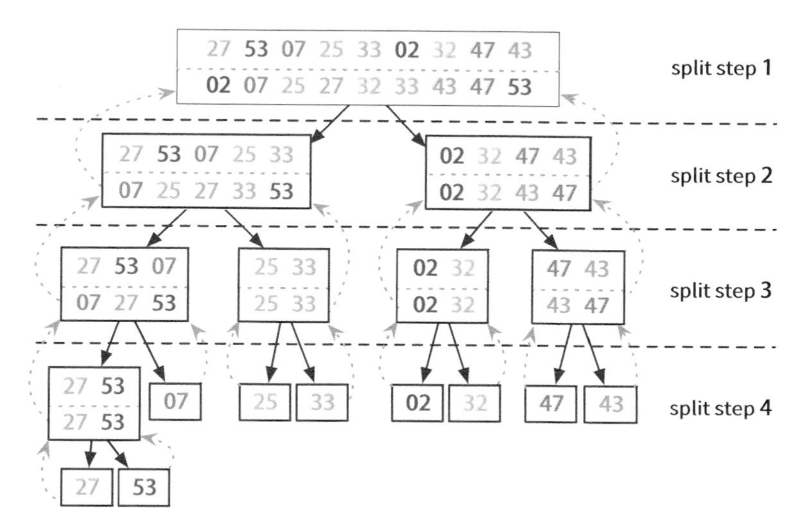

图 3-11 归并排序算法执行示例；矩形表示单独的 merge_sort 调用，上半部分为输入，下半部分为输出

那么，如何找出归并排序算法的时间复杂度呢？为此，我们首先计算各个独立分解步骤产生的操作次数，然后计算分解步骤的总数。

计算操作次数 假设大列表的规模为 n，merge_sort 函数在调用时将执行以下操作。

- 将列表一分为二：该操作与列表规模无关，其时间复杂度为 $\mathcal{O}(1)$。
- merge 算法：根据 3.1 节的讨论可知，其时间复杂度为 $\mathcal{O}(n)$。
- 两次不计算在内的 merge_sort 递归调用。[①]

由于保留最强的项且递归调用不计算在内，函数的时间复杂度为 $\mathcal{O}(n)$。接下来，我们计算各个分解步骤的时间复杂度。

- **分解步骤 1** 对包含 n 个元素的列表调用 merge_sort 函数。这一步的时间复杂度为 $\mathcal{O}(n)$。
- **分解步骤 2** 对包含 $n/2$ 个元素的列表调用 merge_sort 函数，共计两次。这一步的时间复杂度为 $2 \times \mathcal{O}(n/2) = \mathcal{O}(n)$。

① 递归调用执行的操作计入下一个分解步骤。

- **分解步骤3** 对包含 $n/4$ 个元素的列表调用 merge_sort 函数，共计4次。这一步的时间复杂度为 $4 \times \mathcal{O}(n/4) = \mathcal{O}(n)$。

……

- **分解步骤x** 对包含 $n/2^x$ 个元素的列表调用 merge_sort 函数，共计 2^x 次。这一步的时间复杂度为 $2^x \times \mathcal{O}(n/2^x) = \mathcal{O}(n)$。

由于各个分解步骤的时间复杂度均为 $\mathcal{O}(n)$，归并排序算法的时间复杂度为 $x \times \mathcal{O}(n)$，其中 x 为执行全部操作所需的分解步骤次数。①

计算分解步骤 如何求解 x 呢？我们知道，递归函数在达到基线条件（仅包含一个元素的列表）时将停止调用自身。且根据之前的讨论可知，分解步骤 x 适用于处理包含 $n/2^x$ 个元素的列表。因此：

$$\frac{n}{2^x} = 1 \rightarrow 2^x = n \rightarrow x = \log_2 n$$

不熟悉对数函数的读者无须担心，$x = \log_2 n$ 只是 $2^x = n$ 的另一种形式——程序员偏好使用对数增长。观察表3-1可以看到，与待排序的元素总数相比，所需的分解步骤次数呈现缓慢增长的趋势。②

表3-1 不同输入规模所需的分解步骤次数

输入规模（n）	$\log_2 n$	所需的分解步骤
10	3.32	4
100	6.64	7
1024	10.00	10
1 000 000	19.93	20
1 000 000 000	29.89	30

因此，归并排序算法的时间复杂度为 $\log_2 n \times \mathcal{O}(n) = \mathcal{O}(n \log n)$。较之选择排序算法的时间复杂度 $\mathcal{O}(n^2)$，这是一个巨大的改进。读者是否还记得线性对数算法与二次算法之间的性能差异（图2-4）？观察表3-2可以看到，即便运行 $\mathcal{O}(n^2)$ 算法的计算机速度更快，它最终也会比运行 $\mathcal{O}(n \log n)$ 算法的计算机慢得多。

① 由于 x 并非常量，不能省略。如果列表规模 n 增长为原来的两倍，则需要再分解一次；如果 n 增长为原来的4倍，则需要再分解两次。

② 对于任何逐步减少输入并在每一步中除以一个常数因子的过程，都需要对数个步骤来完全减少输入。

表 3-2 当输入较大时，即便运行 $\mathcal{O}(n^2)$ 算法的计算机比运行 $\mathcal{O}(n \log n)$ 算法的计算机快 1000 倍，前者的速度最终也不及后者

输入规模	二次算法	线性对数算法
196（全球国家数）	38 毫秒	2 秒
4.4 万（全球机场数）	32 分钟	12 分钟
17.1 万（英语单词数）	8 小时	51 分钟
100 万（夏威夷州居民数）	12 天	6 小时
1900 万（佛罗里达州居民数）	11 年	6 天
1.3 亿（迄今为止出版的图书数）	500 年	41 天
47 亿（因特网的网页数）	70 万年	5 年

请读者分别编写线性对数排序算法与二次排序算法，并比较二者在排序不同规模的随机列表时性能有何不同。当输入较大时，时间复杂度的改进往往至关重要。接下来，我们采用分治法求解之前通过蛮力法解决的问题。

3.6.2 利用分治法求解最佳交易问题

对于 3.3 节讨论的最佳交易问题，分治法较之简单的蛮力法更胜一筹。将价格历史一分为二可以得到两个子问题：分别找出前半段时间与后半段时间的最佳交易。整个时段内的最佳交易属于以下某种情况。

(1) 在前半段时间买入与卖出的最佳交易。
(2) 在后半段时间买入与卖出的最佳交易。
(3) 在前半段时间买入、后半段时间卖出的最佳交易。

前两种情况是两个子问题的解，第 3 种情况也不难求解：在前半段时间出现最低价时买入，并在后半段时间出现最高价时卖出。如果间隔仅为一天，则唯一可能存在的交易是在同一天买入并卖出，因此收益为零。

```
function trade(prices)
    if prices.length = 1
        return 0
    former ← prices.first_half
    latter ← prices.last_half
    case3 ← max(latter) - min(former)
    return max(trade(former), trade(latter), case3)
```

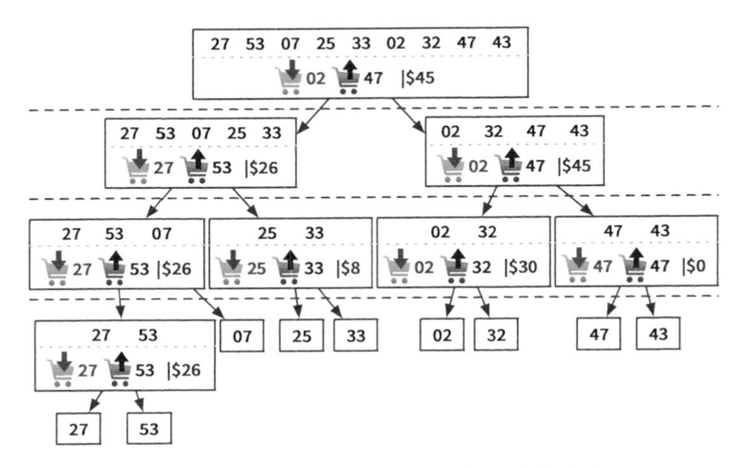

图 3-12 trade 算法执行示例；矩形表示包括输入和输出的单个 trade 调用

调用 trade 函数将执行简单的比较与分解操作，并查找前半段时间与后半段时间的最大值与最小值。为找出 n 个元素中的最大值或最小值，需要检查每一个元素，因此一个独立 trade 调用的时间复杂度为 $\mathcal{O}(n)$。

观察 trade 算法的递归树（图 3-12）可以看到，它与归并排序算法的递归树（图 3-11）非常类似。trade 算法同样需要 $\log_2 n$ 个分解步骤，且每个分解步骤的时间复杂度为 $\mathcal{O}(n)$，由此得到 trade 算法的时间复杂度为 $\mathcal{O}(n \log n)$。与之前讨论的蛮力法（时间复杂度为 $\mathcal{O}(n^2)$）相比，这是一个巨大的改进。

3.6.3 利用分治法求解背包问题

3.3 节讨论的背包问题同样可以采用分治法求解。请记住，共有 n 件物品可供选择。每件物品具备以下属性：

- w_i 是第 i 件物品的重量
- v_i 是第 i 件物品的价值

索引 i 可以是 1 与 n 之间的任何数字。假设背包容量为 c，则从 n 件物品中选择后获得的最大利润为 $K(n, c)$。如果新增一件物品 $i = n + 1$，它可能会（也可能不会）提高潜在的最大利润，后者包括以下两种情况。

(1) $K(n, c)$：未选择新增的物品。

(2) $K(n, c - w_{n+1}) + v_{n+1}$：选择新增的物品。

第 1 种情况不考虑新增的物品。第 2 种情况将新增的物品包括在内，并从原来的物品中进行选择，以确保有足够的空间容纳它。换言之，我们可以将 n 件物品的解定义为 $n-1$ 件物品的最大子解。

$$K(n,c) = \max(K(n-1,c), K(n-1,c-w_n)+v_n)$$

现在应该不难将上述递归公式转换为递归算法。递归地求解背包问题如图 3-13 所示，其中多次出现的矩形被突出显示，它们表示在递归过程中多次进行计算的相同子问题。接下来，我们将讨论如何通过避免重复计算来提高性能。

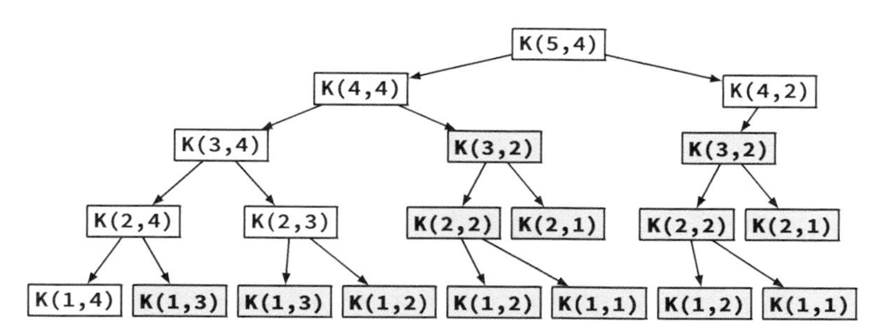

图 3-13 求解背包问题（物品数量为 5，背包容量为 4）；编号为 5 与 4 的物品重量为 4，其他物品的重量为 1

3.7 动态规划

某些情况下，在求解问题时会多次进行相同的计算。[①] **动态规划**旨在找出重复的子问题，以便对每个子问题只计算一次。记忆化是动态规划中一种常用的方法，这个术语的拼写和“记忆”非常类似。[②]

① 这类问题称为具有重叠子问题。

② “记忆化”的英文是 memoization，而“记忆”的英文是 memorization，二者只差一个字母 r。——译者注

3.7.1 利用记忆化求解斐波那契数

读者是否还记得计算斐波那契数的算法？观察图 3-3 所示的递归树可以看到，`fib` 算法对 `fib(3)` 进行了多次计算。为解决这个问题，我们可以在执行 `fib` 计算时将它们储存起来，仅为尚未存储的计算生成 `fib` 调用。这种重用部分计算的技巧称为记忆化，它有助于提高 `fib` 算法的性能。

```
M ← [1 ⇒ 1; 2 ⇒ 2]
function dfib(n)
    if n not in M
        M[n] ← dfib(n-1) + dfib(n-2)
    return M[n]
```

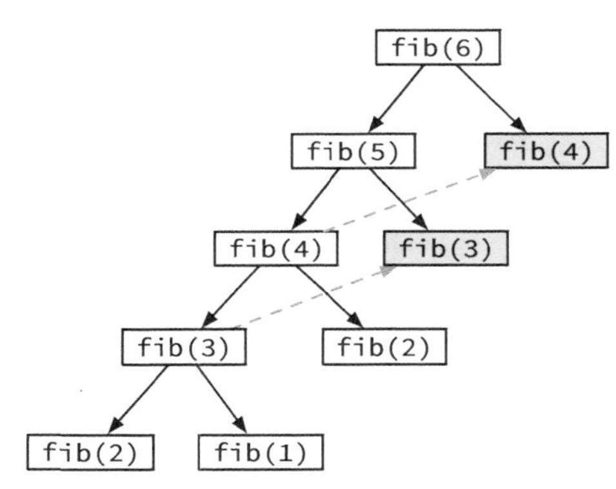

图 3-14　`dfib` 算法的递归树；绿色矩形表示未重新计算的调用

3.7.2 利用记忆化求解背包问题

观察图 3-13 可以看到，背包问题的递归树中显然存在多个重复调用。利用计算斐波那契数时采用的技术可以避免这些重复计算，从而减少计算次数。

动态规划可以将速度极慢的代码转换为速度适中的代码。请仔细分析算法，确保不存在重复计算。读者接下来会看到，有时候并不容易发现重叠子问题。

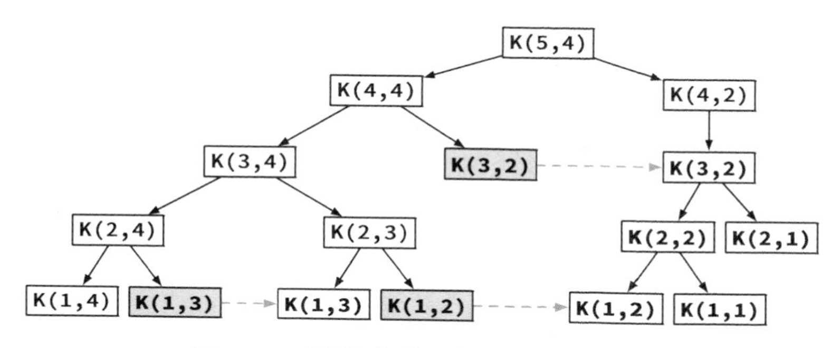

图 3-15 利用记忆化递归地求解背包问题

3.7.3 利用自底向上法求解最佳交易问题

观察图 3-12 可以看到，`trade` 算法的递归树不存在重复调用，但存在重复计算。算法扫描输入以查找最大值与最小值；将输入一分为二后，递归调用再次扫描输入，在前半段时间与后半段时间中查找最大值与最小值。① 因此，我们需要一种不同的方法来避免这些重复扫描。

到目前为止，我们均采用**自顶向下法**求解问题。在这种方法中，输入不断减小，直至达到基线条件。我们也可以采用**自底向上法**：首先计算基线条件，然后不断进行组合，直至得到通解。接下来，我们利用这种方法解决 3.3 节讨论的最佳交易问题。

假设第 n 天的黄金价格为 $P(n)$，且在第 n 天卖出时买入的最佳交易日为 $B(n)$。如果在第一天卖出，则只能在第一天买入，因此 $B(1) = 1$；如果在第二天买入，则 $B(2)$ 可以等于 1 或 2。

- $P(2) < P(1) \rightarrow B(2) = 2$（在第二天买入，第二天卖出）
- $P(2) \geqslant P(1) \rightarrow B(2) = 1$（在第一天买入，第二天卖出）

第 3 天前（但不包括第 3 天）出现最低价的交易日为 $B(2)$，因此对于 $B(3)$：

- $P(3) < B(2)$ 交易日的价格 $\rightarrow B(3) = 3$

① 我们需要找出房间中最高的男人、最高的女人以及最高的人。那么，是否应该测量所有人的身高以找出最高的人，然后测量每个男人与每个女人的身高，以找出最高的男人与最高的女人？

- $P(3) \geq B(2)$ 交易日的价格→ $B(3) = B(2)$

请注意，第 4 天前出现最低价的交易日为 $B(3)$。对于每一个 n，$B(n-1)$ 实际上是第 n 天前出现最低价的交易日。由此可以将 $B(n)$ 表示为：

$$B(n) = \begin{cases} n, & \text{如果 } P(n) < P(B(n-1)) \\ B(n-1), & \text{其他} \end{cases}$$

对于输入中每一天 n 的所有交易日组合 $[n, B(n)]$，解是能获得最大利润的交易日组合。这种算法采用自底向上法计算所有的 B 值以求解问题。

```
function trade_dp(P)
    B[1] ← 1
    sell_day ← 1
    best_profit ← 0

    for each n from 2 to P.length
        if P[n] < P[B[n-1]]
            B[n] ← n
        else
            B[n] ← B[n-1]

        profit ← P[n] - P[B[n]]
        if profit > best_profit
            sell_day ← n
            best_profit ← profit

    return (sell_day, B[sell_day])
```

trade_dp 算法对输入列表中的每个元素执行一组固定的简单操作，因此其时间复杂度为 $\mathcal{O}(n)$。对前面讨论的 $\mathcal{O}(n \log n)$ 算法来说，上述算法在性能上有巨大提升，时间复杂度为 $\mathcal{O}(n^2)$ 的蛮力法更是完全无法与之相比。由于辅助向量 B 的元素与输入一样多，trade_dp 算法的空间复杂度同样为 $\mathcal{O}(n)$。附录将介绍另一种空间复杂度为 $\mathcal{O}(1)$ 的算法，它有助于减少计算机内存的消耗。

3.8 分支定界法

许多问题都涉及目标值的最小化或最大化，如寻找最短路径、获取最大利润等，它们是所谓的**最优化问题**。当解是一系列选择时，通常采用一种称为**分支定界**的策略，它通过快速检测并丢弃不可行的选择以节省时间。为理解如何检测不可行的选择，首先需要了解上界与下界的概念。

3.8.1 上界与下界

界限表示值的范围。**上界**是值的上限，而**下界**是人们所期望的最小值，它保证值必然等于或大于这个界限。

次优解通常不难获得，如较短但可能并非最短的路径，或较大但可能并非最大的利润。次优解为最优解提供了界限。例如，两地之间的最短路径不会比直线距离更短，直线距离因此是最短行驶距离的下界。

在 3.5 节讨论的邪恶背包问题中，greedy_knapsack 算法给出的利润是最优利润的下界，它可能接近（也可能不接近）最优利润。现在设想另一种形式的背包问题：所有物品均由粉末制成，因此我们可以将不是整件的物品装入背包。利用贪心法不难求解这个问题，即始终将具有最高价值 / 重量比的物品放进背包。

```
function powdered_knapsack(items, max_weight)
    bag_weight ← 0
    bag_items ← List.new
    items ← sort_by_value_weight_ratio(items)
    for each i in items
        weight ← min(max_weight - bag_weight,
                     i.weight)
        bag_weight ← bag_weight + weight
        value ← weight * i.value_weight_ratio
        bagged_value ← bagged_value + value
        bag_items.append(item, weight)
    return bag_items, bag_value
```

如果限定物品不可分割，只会使可能的最大利润减少，因为我们不得不将价值较低的物品作为最后装入背包的物品。也就是说，powdered_knapsack 算法给出了不可分割物品的最优利润的上界。[①]

① 消除问题限制的技术称为**松弛法**，它经常用于计算最优化问题的界限。

3.8.2 背包问题中的上界与下界

从之前对背包问题的讨论可知，求解最优利润时需要进行大量计算，算法的时间复杂度为 $\mathcal{O}(2^n)$。但是，可以利用 powdered_knapsack 与 greedy_knapsack 算法快速获取最优利润中的上界与下界。我们选取若干样本值尝试一下。

物品	价值	重量	价值/重量比	最大容量
A	20	5	4.00	10
B	19	4	4.75	
C	16	2	8.00	
D	14	5	2.80	
E	13	3	4.33	
F	9	2	4.50	

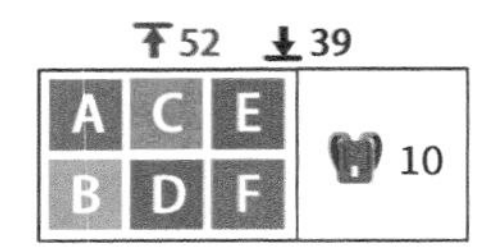

物品在装入背包前的情况如上图所示。第一个方框表示不考虑装入背包的物品，第二个方框表示背包的可用容量以及所容纳的物品。运行 greedy_knapsack 算法所得的利润为 39，而运行 powdered_knapsack 算法所得的利润为 52.66，这意味着最优利润介于 39 与 52 之间。根据 3.6 节的讨论，可以将这个包含 n 件物品的问题分解为两个包含 $n-1$ 件物品的子问题。第一个子问题考虑将编号为 A 的物品装入背包，而第二个子问题不考虑将编号为 A 的物品装入背包。

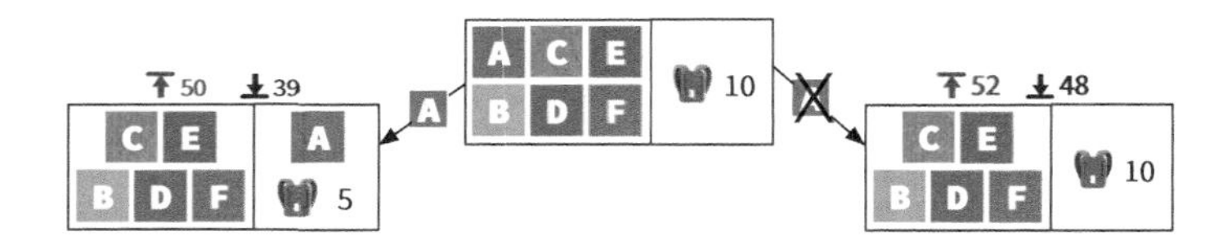

我们计算两个子问题的上界与下界。由于其中一个子问题的下界为 48，最优解介于 48 与 52 之间。继续探索右侧的子问题，它的界限较为有趣。

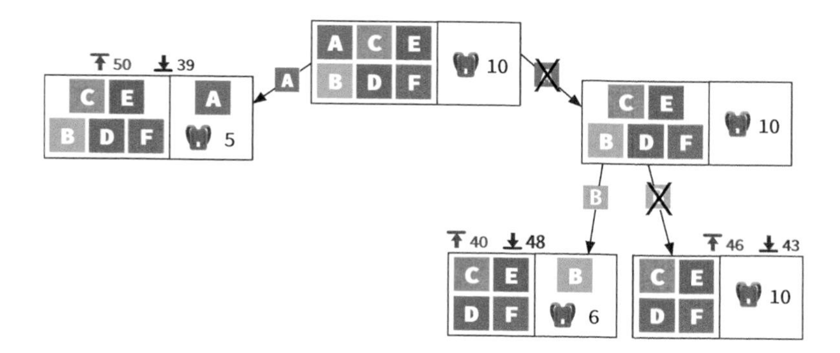

现在，从最左侧的子问题入手最有可能求得上界。继续对这个子问题进行分解。

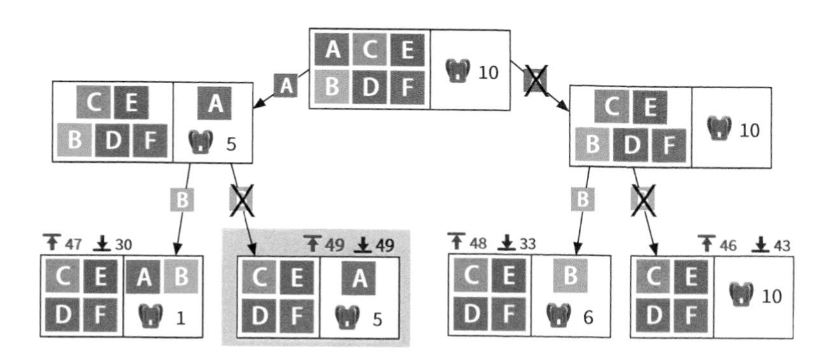

我们现在可以得出一些重要的结论。从突出显示的子问题可以看到，其上界与下界均为 49，即这个子问题的最优利润必须恰好为 49。此外，对于尚待探索的子问题，它们所有分支的上界均小于 49。其他子问题分支都无法提供比 49 更好的利润，这意味着我们可以从搜索中删除这些分支。

合理运用上界与下界有助于以最少的计算量找出最优利润。在探索各种可能性时，我们动态地调整了搜索空间。分支定界法的应用总结如下：

(1) 将问题分解为若干子问题；
(2) 找出每个子问题的上界与下界；
(3) 比较所有分支的界限；

(4) 对最可行的子问题重复第 1 步。

读者或许还记得，利用 3.4 节讨论的回溯策略也能求解，不必探索每个可能的候选解。我们在尽可能探索路径后将它们删除，并在获得某个合适的解后停止搜索。分支定界法有助于预测最差的路径，避免在这些路径上浪费时间。

3.9 小结

解决问题的过程是从可能的解空间中寻找正确解的过程。这一章介绍了多种方法，蛮力法最为简单，它通过逐个检验搜索空间的元素求解问题。

系统地将问题分解为更小的问题能显著提高性能。反复分解问题通常涉及对相同子问题的处理；这种情况下，利用动态规划避免重复执行相同的计算至关重要。

这一章还介绍了回溯法如何优化某些类型的蛮力搜索。对于可以估计上界或下界的问题，利用分支定界法能缩短求解时间。当计算最优解的成本过高时，不妨采用启发法。

这一章讨论的所有策略均用于数据操作。接下来将介绍计算机内存中最常见的数据组织方式，以及它们如何影响最常见的数据操作的性能。

参考资料

- 《算法设计》，Jon Kleinberg 著
- 论文“Choosing Algorithm Design Strategy”，作者 Shailendra Nigam
- 《算法概论》第 6 章“动态规划”，UmeshVazirani 著

第4章

数　据

优秀的程序员担心数据结构和它们之间的关系。

——林纳斯·托瓦兹①

控制数据对于计算机科学的重要性毋庸置疑：计算过程由数据操作构成，这些操作将输入转换为输出。但算法通常不会指定**如何**执行数据操作。例如，merge 算法（3.1 节）依靠未指定的外部代码来创建数字列表、检查列表是否为空并为列表添加元素。与之类似，queens 算法（3.4 节）并不关心棋盘上的操作以及棋子位置在内存中的存储方式。这些细节都隐藏在我们称之为**抽象**的背后。这一章将讨论以下内容：

- **抽象数据类型**如何保持代码的整洁
- 需要掌握的**常见抽象**
- 在内存中**构造数据**的不同方式

在讨论开始之前，我们首先需要理解“抽象”与“数据类型”这两个术语的含义。

抽象

抽象省略了细节，它是一种采用简单方式获取复杂事物功能的接口。以汽车为例，复杂的机械构造被隐藏在仪表盘之后，使得任何人都能轻松学习驾驶而无须了解工程方面的细节问题。

在软件领域，**过程抽象**将过程的复杂性隐藏在过程调用之后。例如，trade 算法（3.6 节）中的 min 与 max 过程并未展示**如何**查找最小值与

① 林纳斯·托瓦兹（1969—　），芬兰裔美国软件工程师，Linux 内核与 Git 的缔造者和主要开发者，是全球最著名的程序员之一。托瓦兹荣誉等身，1996 年发现的一颗小行星也以他的名字命名。自传《只是为了好玩》详细介绍了他的生平。——译者注

最大值，使得算法更为简单。我们可以通过位于其他抽象之上的抽象构建模块[①]，从而利用单一过程执行复杂的任务，例如：

```
html ← fetch_source("https://code.energy")
```

仅需一行代码就能获取网站的源代码——尽管其内部机制极为复杂。[②]

这一章将重点讨论**数据抽象**，它隐藏了数据处理过程的细节。但在理解数据抽象的工作机制之前，先来巩固一下对数据类型的认识。

数据类型

我们根据对紧固件（如螺钉、螺栓与钉子）进行的操作（如拧紧、紧固、钉入）来区分它们。与之类似，可以根据对数据执行的操作来区分不同类型的数据。

以数据变量为例：如果变量可以分解为位置字符、进行大小写转换、接收附加字符，则它属于字符串型，字符串代表文本；如果变量可以反转、执行 XOR/OR/AND 操作，则它属于布尔型，布尔值可以为 `True` 或 `False`；如果变量可以进行加法、减法、除法操作，则它属于数值型。

每种数据类型与一组特定的过程相关。对于存储列表、集合、数字的变量，处理它们的过程各不相同。

4.1 抽象数据类型

对于给定的数据类型，**抽象数据类型**（ADT）是一组有意义的操作规范。ADT 定义的接口用于处理保存给定类型数据的变量——数据在内存中存储与操作的所有细节都被隐藏起来。

算法对数据进行操作时，并非直接指示计算机内存的读写，而是采用外部数据处理模块，它提供了定义在 ADT 中的过程。

① **模块**（或**库**）是一种提供通用计算过程的软件，可以根据需要包含在其他软件中。
② 涉及解析域名、创建 TCP 网络套接字、进行 SSL 加密握手等多种操作。

例如，为操作存储列表的变量，我们需要：创建与删除列表的过程；访问或删除列表中第 *n* 个元素的过程；向列表添加新元素的过程。这些过程的定义（名称与用途）就是一种列表 ADT。我们可以完全依靠这些过程来处理列表，而不必直接对计算机内存进行操作。

使用ADT的优点

简单　ADT 使代码更容易理解和修改。不考虑数据处理过程中的各种细节，我们可以专注于从宏观层面考虑算法求解问题的过程。

灵活　可以采用不同的方法在内存中构造数据，因此可以为同一种数据类型创建不同的数据处理模块。应根据实际情况做出最佳选择。由于实现相同 ADT 的模块将提供相同的过程，只要换用不同的数据处理模块，就能改变数据的存储与操作方式。汽车与之类似：电动汽车与燃油汽车的驾驶界面并无不同，任何会开车的人都能毫不费力地驾驶两种汽车。

可重用性　如果多个项目需要处理相同类型的数据，可以在这些项目中使用相同的数据处理模块。以第 3 章讨论的 `power_set` 与 `recursive_power_set` 算法为例，二者都需要对表示集合的变量进行操作，这意味着可以在两种算法中使用相同的 `Set` 模块。

组织　我们经常需要对数字、文本、地理坐标、图像等各种数据类型进行操作。为更好地组织代码，可以创建不同的模块，每种模块包含特定于一种数据类型的代码。这就是所谓的**关注点分离**，即应将处理相同逻辑问题的代码置于相互独立的模块中。如果实现不同功能的代码纠缠在一起，就会出现所谓的**面条式代码**。

便捷　我们可以获取他人编写的数据处理模块，研究如何使用由 ADT 定义的过程，之后马上就能利用这些过程对其他数据类型的变量进行操作，而无须了解数据处理模块的工作机制。

漏洞修复　如果使用的数据处理模块毫无瑕疵，代码将免受数据处理错误的困扰。如果发现数据处理模块中存在漏洞，修复它就意味着修复了所有受该漏洞影响的代码。

4.2 常见抽象

为求解计算问题，了解所处理的数据类型以及需要对数据类型执行的操作至关重要，确定计划使用的 ADT 也同样重要。这一节将介绍一些需要掌握的知名抽象数据类型，它们不仅出现在大量算法中，许多编程语言也提供对这些类型的内置支持。

4.2.1 基本数据类型

基本数据类型是编程语言内置支持的数据类型，无须调用外部模块即可使用。基本数据类型总是包括整数、浮点数[①]以及对它们的一般性操作（加法、减法、除法），大部分语言还内置支持在变量中存储文本、布尔值以及其他简单的数据类型。

4.2.2 栈

设想一堆文件：我们可以将一份文件放在顶部，或从顶部取走一份文件，而第一份放入的文件总是最后才被取走。**栈**用于处理一堆元素，它只对栈顶的元素进行操作。请注意，栈顶的元素总是最近插入栈中的元素。栈的实现必须包括至少两种操作。

- **push(e)**：将元素 e 添加到栈顶。
- **pop()**：检索并删除栈顶的元素。

更“高级”的栈可以提供更多的操作，如检查栈是否为空，或者获取栈中当前元素的数量。

以这种方式处理数据称为**后进先出**（LIFO）：我们只删除栈顶的元素，它总是最近插入栈中的元素。栈是许多算法使用的重要数据类型。以文本编辑器的“撤销”功能为例，编辑者创建的每个版本都被压入栈中，如果需要撤销，文本编辑器从栈中弹出一个版本并将其恢复。

---

① 浮点数通常用于表示带有小数的数字。

为实现无递归算法的回溯（3.4 节），必须记住到达栈当前位置的那些选择。在探索新结点时，我们将对该结点的引用压入栈中；返回时，只需从栈中弹出就能获取对返回位置的引用。

4.2.3 队列

队列与栈有所不同。它同样用于存储与检索元素，但检索到的元素总是位于队列**前端**的元素，即队列中存在时间最长的元素。如果对此感到困惑，请设想现实生活中在餐厅等候的人群，抽象数据类型中的队列与之类似。队列包括两种基本操作。

- **enqueue(e)**：将元素 e 添加到队列后端。
- **dequeue()**：删除队列前端的元素。

队列采用**先进先出**（FIFO）的方式组织数据，因为插入队列中的第一个元素（也是存在时间最长的元素）总是第一个离开队列。

不少计算场景都会用到队列。以开发在线披萨服务为例，我们可能会将披萨订单存储在队列中。作为练习，请读者思考以下问题：如果披萨餐厅采用栈而不是队列处理订单，两种方式有何不同？

4.2.4 优先队列

优先队列与队列类似，不同之处在于必须为进入队列的元素分配一个**优先级**。在医院等候医疗护理服务的病人是优先队列在现实生活中的一个示例：危重病人的优先级最高并直接进入队列前端，较轻的病患则排在队列后端。优先队列包括以下操作。

- **enqueue(e，p)**：根据优先级 p 将元素 e 添加到队列。
- **dequeue()**：删除并返回队列前端的元素。

计算机通常包括许多正在运行的进程，但执行进程的 CPU 只有一个（或几个）。操作系统采用优先队列来组织所有等待执行的进程，它为队列中等待的每个进程分配一个优先级。操作系统将一个进程从队列中取出并运行一段时间，如果该进程没有执行完毕，它将再次进入队列。操作系统会不断重复这一过程。

对时效性要求很高的进程将立即获得 CPU 时间，而其他进程在队列中等待的时间更长。从键盘接收输入的进程通常会获得极高的优先级：如果键盘停止响应，用户可能会认为计算机崩溃并试图重启，这在**任何情况下**都并非最佳选择。

4.2.5 列表

在存储大量元素时，有时需要更高的灵活性。例如，我们希望不受限制地将元素重新排序，或对任何位置的元素进行访问、插入与删除操作，此时采用**列表**就很方便。列表 ADT 通常定义了以下操作。

- **`insert(n, e)`**：将元素 `e` 插入位置 `n`。
- **`remove(n)`**：删除位置 `n` 的元素。
- **`get(n)`**：获取位置 `n` 的元素。
- **`sort()`**：将列表中的元素排序。
- **`slice(start, end)`**：返回从位置 `start` 到位置 `end` 之间的子列表切片。
- **`reverse()`**：反转列表的顺序。

列表是最常用的 ADT 之一。例如，如果需要存储系统中最常访问的文件链接，那么列表将是理想之选：我们可以将链接排序以方便显示，并在某些文件的访问频率降低时删除相应的链接。

如果不需要列表的这种灵活性，应将栈或队列作为数据类型的首选。采用更简单的 ADT 不仅能确保以严谨稳健的方式（FIFO 或 LIFO）处理数据，也使代码更容易理解。例如，栈的结构有助于理解数据进出的方式。

4.2.6 排序列表

如果需要维护一个**始终保持排序状态的**元素列表，**排序列表**将派上用场。借由这种数据类型，我们不必在每次插入操作前确定正确的位置（并定期对列表手动排序）。向排序列表中插入元素时，列表总是会保持排序状态。对排序列表的任何操作都无法使元素重新排序，即列表保证能始终处于排序状态。与列表相比，排序列表的操作要少得多。

- **insert(e)**：将元素 e 插入正确的位置。
- **remove(n)**：删除位置 n 的元素。
- **get(n)**：获取位置 n 的元素。

4.2.7 映射

映射（即**字典**）用于存储两个对象（**键**对象与**值**对象）之间的映射关系。可以通过键来查询映射，并获取其关联的值。例如，我们使用映射将用户的 ID 号和全名分别保存为键和值。当给定用户的 ID 号时，映射将返回关联的用户名。映射定义的操作如下。

- **set(key, value)**：添加键值映射。
- **delete(key)**：删除键 key 及其关联的值。
- **get(key)**：检索与键 key 关联的值。

4.2.8 集合

集合是若干**唯一**元素的无序组合，如附录描述的数学集合。如果待存储元素的顺序无关紧要，或必须确保所有元素只能出现一次，则可以使用集合。常用的集合操作如下。

- **add(e)**：向集合添加元素，如果元素已在集合中则提示错误。
- **list()**：列出集合中的元素。
- **delete(e)**：从集合中删除元素 e。

程序员利用上面介绍的这些 ADT 来实现数据的交互，如同驾驶员使用仪表盘驾驶汽车一样。下一节将探讨仪表盘背后的电路结构。

4.3 数据结构

抽象数据类型仅描述了如何操作给定数据类型的变量。它虽然定义了一系列数据操作，但并未解释这些操作是**如何**进行的。而**数据结构**描述了数据在计算机内存中的组织与访问方式，并提供了在数据处理模块中实现 ADT 的方法。

数据结构不同，ADT 的实现方式也有所不同。根据需要选择使用最佳数据结构的 ADT 实现方式，对于创建高效的计算机程序至关重要。接下来，我们将介绍一些最常用的数据结构，并分析它们的优缺点。

4.3.1 数组

如果需要在计算机内存中存储大量元素，使用**数组**是最简单的方式。定义数组时，系统在内存中分配连续的存储空间，然后按顺序将元素写入该空间，并采用特殊的 NULL 令牌标记序列的结束。

数组中每个对象所占的存储空间相同。假设某个数组从存储地址 s 开始，每个元素的长度为 b 字节。如果需要访问数组的第 n 个元素，从地址 $s + (b \times n)$ 开始取出 b 字节即可。

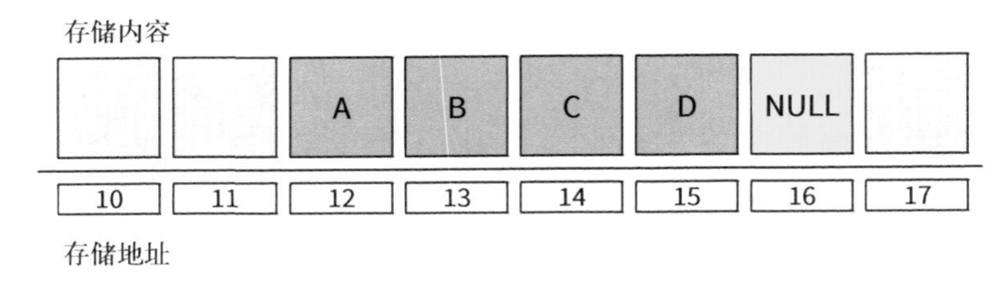

图 4-1 计算机内存中的数组

因此，我们能**立即**访问数组中的任何元素。数组在实现栈时极为有用，也能用于实现列表与队列。数组易于编写且可以即时访问，但同样存在局限性。

首先，在内存中分配大量的连续空间并不现实；如果需要对数组扩展，那么内存中可能没有足够的可用空间。其次，删除数组中间的元素时会出现问题：我们必须将之后的**所有**元素后移，或将已删除元素的存储空间标记为“不可用”，但两种方案均不可取。与之类似，向数组添加元素时，需要将之后的**所有**元素前移。

4.3.2 链表

链表的元素保存在不必位于连续存储地址的单元链中，所有单元的内存是按需分配的。每个单元包含一个指针，指向链中下一个单元的地址，包含空指针的单元标记了链的结束。

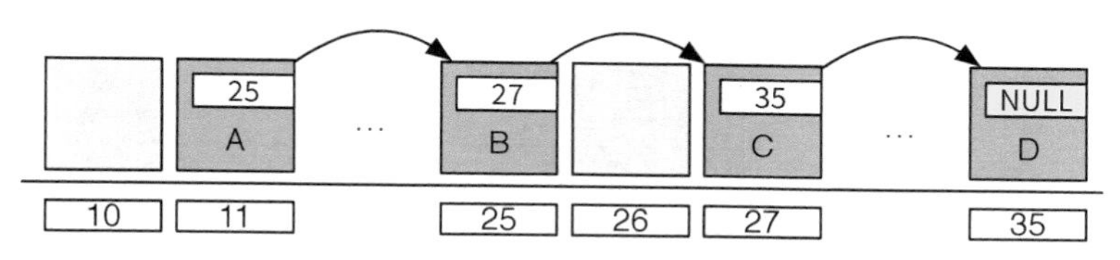

图 4-2 计算机内存中的链表

可以利用链表实现栈、列表以及队列。链表规模增长并无大碍，因为每个单元可以保存在内存的任何位置。换言之，链表规模取决于可用的内存容量。此外，通过调整单元的指针，很容易就能在链表中插入或删除元素。

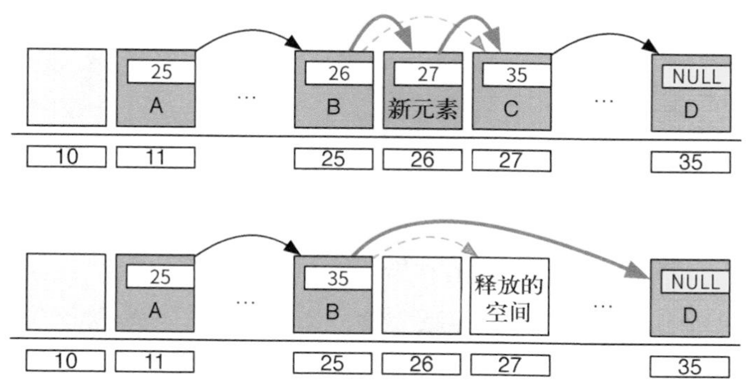

图 4-3 在 B 与 C 之间插入元素；删除 C

链表的不足之处在于无法立即检索到第 *n* 个元素。我们必须从第一个单元开始搜索，通过第一个单元的指针获取第二个单元的地址，从而找到第二个单元；然后通过第二个单元的指针获取下一个单元的地址，以此类推，直至检索到第 *n* 个单元。

此外，如果只给出一个单元的地址，则很难删除该单元或沿单元链向后移动。在没有其他信息的情况下，无法获取链中前一个单元的地址。

4.3.3 双向链表

双向链表是一种特殊的链表，每个单元包含两个指针，分别指向前一个单元与后一个单元。

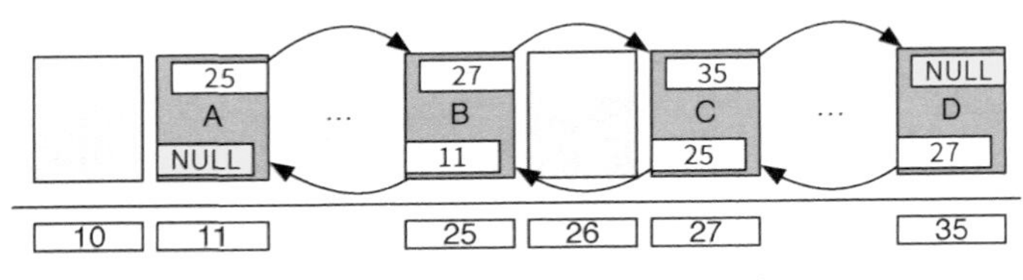

图 4-4 计算机内存中的双向链表

双向链表与链表的优点相同。由于新单元的存储空间可以按需分配，不必进行大量的内存预分配操作。借由两个指针，不仅可以沿单元链向前移动，也可以向后移动。即便只给出一个单元的地址，同样可以删除这个单元。

但是，仍然无法立即访问第 *n* 个元素。此外，每个单元保存两个指针将增加代码的复杂性，且需要更多的内存来存储数据。

4.3.4 数组与链表的比较

功能丰富的编程语言通常提供对列表、队列、栈以及其他 ADT 的内置实现，这些实现一般采用某种默认的数据结构。根据数据的访问方式，某些实现甚至能在运行时自动切换数据结构。

对性能要求不高时，我们可以依靠这些通用的 ADT 实现而不必担心数据结构。但如果需要最大限度提高性能，或采用功能不够丰富的低级语言编写程序，则必须决定使用哪种数据结构。应分析必须对数据执行的操作，并选择使用合适数据结构的实现。链表在以下情况下优于数组：

- 要求极快的元素插入或删除速度；
- 不需要对数据进行随机的无序访问；
- 在列表的中间位置插入或删除元素；
- 无法准确评估列表规模（列表在执行过程中需要增加或减少）。

数组在以下情况下优于链表：

- 需要经常对数据进行随机和无序的访问；
- 需要极致的性能以访问元素；
- 元素数量在执行过程中不会发生变化，因此很容易就能分配连续的计算机存储空间。

4.3.5 树

与链表类似，树的对象存储在不必位于连续物理地址的单元中，每个单元同样包含指向其他单元的指针。但与链表不同，这些单元及其指针并非按线性的单元链排列，而是呈树状结构。树特别适合保存文件目录结构、军队的命令链等具有层次关系的数据。

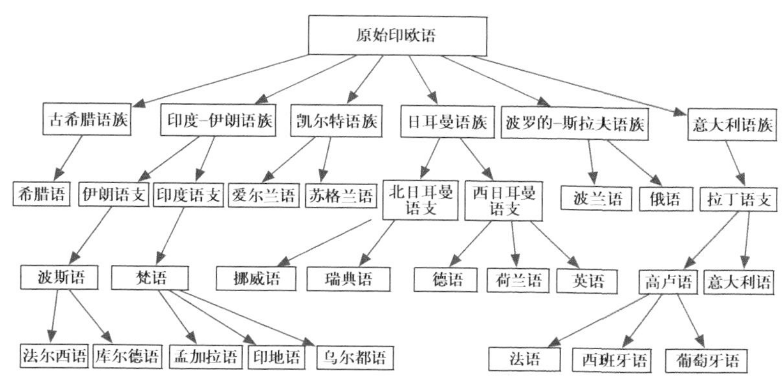

图 4-5 印欧语系起源树

在描述树的术语中，单元称为**结点**，从一个单元指向另一个单元的指针称为**边**。位于树顶端的结点称为**根结点**，它是唯一没有父结点的结点。除根结点外，树中的所有结点**只能有一个**父结点。[①]

具有相同父结点的两个结点互为兄弟结点。一个结点的父结点、祖父结点、曾祖父结点（直至根结点）构成该结点的祖先；同样地，一个结点的子结点、孙结点、曾孙结点（直至树的底部）都是该结点的子孙。

没有任何子结点的结点称为**叶结点**（想象实际的树叶🌳）。两个结点之间的**路径**是从一个结点到另一个结点的一组结点与边。

① 如果某个结点违反这一原则，树的许多搜索算法将无法实现。

结点的**层次**是该结点与根结点之间的路径长度，树的**高度**是树中最深结点的高度。最后，树的集合称为**森林**。

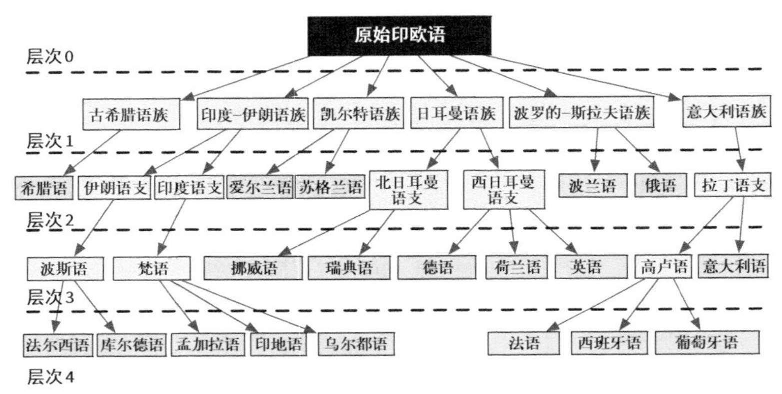

图 4-6　树中的叶结点表示目前的语言

4.3.6　二叉查找树

二叉查找树是一种能实现高效搜索的特殊树结构。树中的结点最多可以有两个子结点，根据结点的键值对确定其位置。父结点左侧的子结点必须小于父结点，而右侧的子结点必须大于父结点。

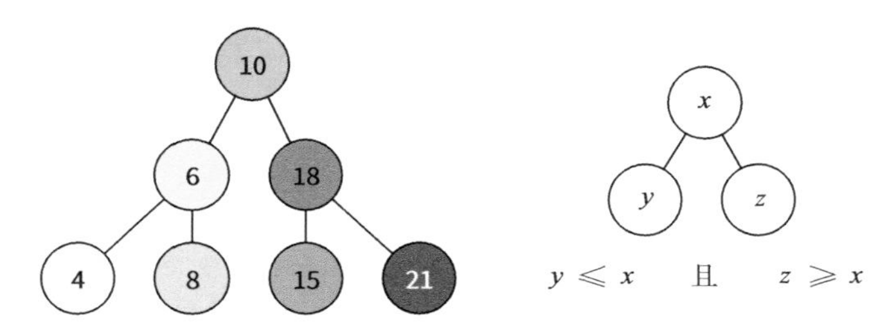

图 4-7　二叉查找树示例

如果树遵循上述规则，就很容易在树中搜索具有给定键值对的某个结点。

```
function find_node(binary_tree, value)
    node ← binary_tree.root_node
    while node:
        if node.value = value
            return node
```

```
        if value > node.value
            node ← node.right
        else
            node ← node.left
    return "NOT FOUND"
```

插入元素时，我们对希望插入树中的值进行搜索。采用搜索中探索的最后一个结点，并使其右指针或左指针指向新结点。

```
function insert_node(binary_tree, new_node)
    node ← binary_tree.root_node
    while node:
        last_node ← node
        if new_node.value > node.value
            node ← node.right
        else
            node ← node.left
    if new_node.value > last_node.value
        last_node.right ← new_node
    else
        last_node.left ← new_node
```

树的平衡 如果二叉查找树中插入的结点过多，最终将得到一棵极高的树，其中不少结点仅有一个子结点。例如，当插入结点的键值对总是大于前一个结点的键值对时，最后得到的数据结构将更接近于链表。不过，我们可以通过重新排列树中的结点来降低其高度，这种操作称为**树的平衡**。一棵完美的平衡树具有最小的可能高度。

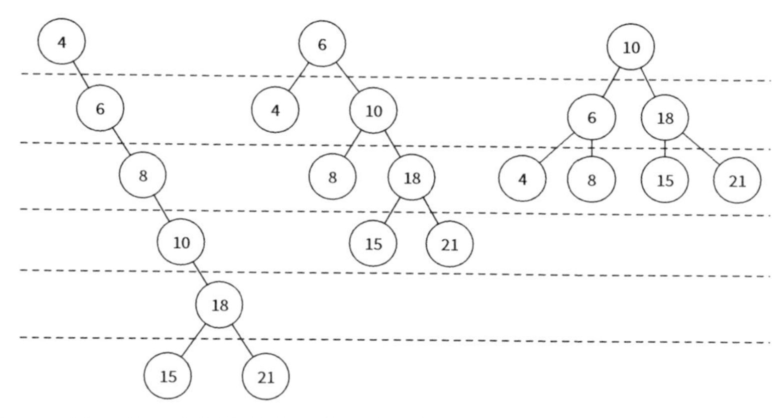

图 4-8 同一棵二叉查找树的 3 种形式：极不平衡（左）、较为平衡（中）、完美平衡（右）

树的大部分操作涉及跟踪结点之间的链接，直至找到某个特定的结点。树的高度越高，结点之间的平均路径越长，需要访问内存的次数越多。有鉴于此，降低树的高度至关重要。根据已排序的结点列表，可以采用以下方式构建一棵完美的平衡二叉查找树。

```
function build_balanced(nodes)
    if nodes is empty
        return NULL
    middle ← nodes.length/2
    left ← nodes.slice(0, middle - 1)
    right ← nodes.slice(middle + 1, nodes.length)
    balanced ← BinaryTree.new(root=nodes[middle])
    balanced.left ← build_balanced(left)
    balanced.right ← build_balanced(right)
    return balanced
```

考虑一棵由 n 个结点构成的二叉查找树，它的最大高度为 n，此时它类似于一个链表。当树达到完美平衡时，其最小高度为 $\log_2 n$。在二叉查找树中搜索某个元素的复杂度与树的高度成正比。最坏情况下，必须搜索到最低层次（叶结点）才能找到指定元素。因此，搜索由 n 个元素构成的平衡二叉查找树，其时间复杂度为 $\mathcal{O}(\log n)$。这就是经常选择这种数据结构来实现集合（需要查找元素是否已经存在）与映射（需要查找键值对）的原因。

然而，由于需要将所有结点排序，树的平衡操作成本很高。如果每次插入或删除元素后都对树进行再平衡，将显著降低操作速度。一般来说，在多次插入与删除操作后才需要对树进行平衡。不过，仅当树很少发生变化时，时常进行平衡操作会是合理的选择。

为有效处理变化很大的二叉树，人们发明了**自平衡二叉树**，它在插入或删除元素时将保持平衡状态。**红黑树**是一种著名的自平衡树，它采用“红”或“黑”为结点着色来表示平衡策略。[①] 红黑树经常用于实现映射，它能有效地对映射进行大量编辑；且由于自平衡的缘故，可以迅速在映射中查找任何给定的键。

AVL 树是另一种自平衡树。与红黑树相比，AVL 树的插入与删除操作较慢，但平衡性往往更好，这意味着 AVL 树在检索元素时比红黑树更

① 自平衡策略不在本书的讨论范围之内，感兴趣的读者可以在网上搜索相关视频。

快。当需要频繁进行读操作时，通常利用 AVL 树来优化性能。

数据通常存储在磁盘中，磁盘能读取大数据块。这种情况下可以使用 B 树，它是二叉树的泛化。B 树中的结点能存储一个以上的元素，也可以包括两个以上的子结点，从而提高对大数据块的操作效率。B 树通常用于实现数据库系统，后面的章节将对此进行讨论。

4.3.7 二叉堆

二叉堆是一种特殊类型的二叉查找树，可以立即检索到最大（或最小）元素。这种数据结构在实现优先队列时尤其有用。在查找最大（或最小）元素时，由于最大（或最小）元素始终是树的根结点，堆的时间复杂度为 $\mathcal{O}(1)$；在搜索或插入结点时，堆的时间复杂度仍然为 $\mathcal{O}(\log n)$。堆与二叉查找树的结点布局规则相同，但父结点必须大于（或小于）它的两个子结点。

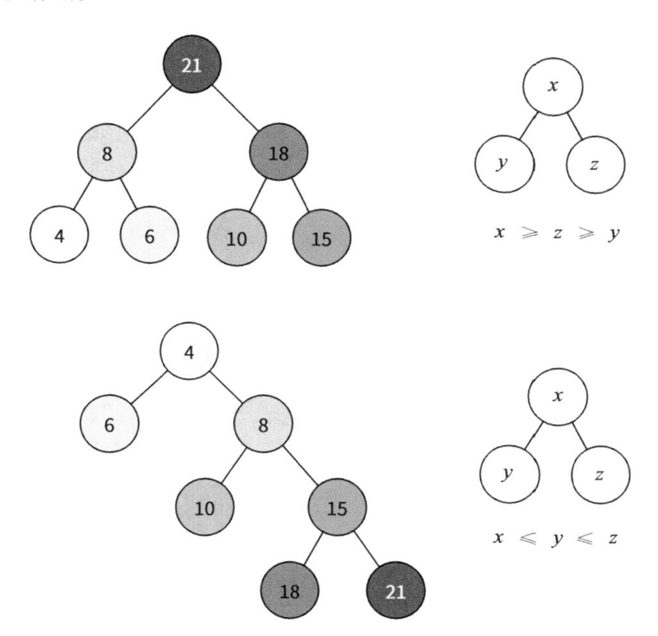

图 4-9 最大堆（上）与最小堆（下）的结点布局

如果必须频繁对集合中的最大（或最小）元素进行操作，使用二叉堆是一个不错的选择。

4.3.8 图

图与树类似，区别在于图没有子结点或父结点，因此也没有根结点。图由结点和边构成，且任何结点可以有多个入边或出边。

图是最灵活的数据结构，几乎可以表示所有类型的数据。例如，图非常适合描述社交网络，其中结点代表人，边代表人与人之间的友谊。

4.3.9 散列表

散列表查找元素的时间复杂度为 $\mathcal{O}(1)$。无论是搜索 1000 万个元素还是 10 个元素，所需的时间都是一个常量。

与数组类似，需要预先为散列表分配大块连续的存储空间以存储数据；所不同的是，散列表中的元素并非存储在有序序列中。元素所占的位置由“神奇的”**散列函数**确定。这是一种特殊的函数，它将准备存储的数据作为输入，并输出一个随机生成的数字，作为存储元素的位置。

散列表可以实现对元素的即时检索。散列函数首先计算给定的值，然后输出元素在内存中的确切地址，通过该地址就能检索到存储的元素。

散列表的问题在于，对于两个不同的输入，散列函数有时会返回相同的存储地址，导致**散列冲突**。冲突发生时，两个元素必须保存在相同的存储地址（例如，使用从给定地址开始的链表）。散列冲突带来额外的 CPU 与内存开销，应尽量避免。

对于不同的输入，一个合适的散列函数应返回随机生成的值。因此，散列函数输出的值范围越大，可用的数据位置就越多，发生散列冲突的可能性就越小。有鉴于此，应确保散列表中存在至少 50% 的可用空间，否则过于频繁的冲突将显著降低散列表的性能。

散列表经常用于实现映射与集合。与基于树的数据结构相比，散列表能以更快的速度插入与删除元素，但需要大量连续内存才能正常工作。

4.4 小结

这一章介绍了数据结构在计算机内存中组织数据的具体方法。针对不同的数据结构，需要使用不同的操作来存储、删除、搜索并运行保存的数据。不存在一种放之四海而皆准的数据结构，应根据实际情况选择采用哪种数据结构。

本章讲解了与其直接在代码中使用数据结构，不如使用抽象数据类型。我们可以借此将代码与数据操作细节相互分离，并轻松切换程序的数据结构而无须修改任何代码。

除非是出于自娱、学习或研究目的，否则不要从零开始创建基本的数据结构与抽象数据类型，“重新发明轮子”[①] 并非明智之举。应使用已经过良好测试的第三方数据处理库。大部分语言都提供对这些数据结构的内置支持。

参考资料

- 博文“Computer Algorithms: Balancing a Binary Search Tree”，作者 Stoimen
- 康奈尔大学课程讲义“Abstract Data Types and Data Structures”
- 印度理工学院卡哈拉格普尔分校课程讲义“Abstract Data Types”
- Interactive Python 网站讲义“Search Tree Implementation”

① 在软件开发领域，“轮子”指已经存在并可以直接使用的解决方案。“重新发明轮子”意为在已有现成解决方案的情况下，仍然要自行开发解决方案，这有时是一种无用功。但在某些情况下，“造轮子”也可能是不得已而为之，比如因为版权原因无法使用现有的代码，或现有的“轮子”无法满足需要。——译者注

第5章

算　法

（编程）之所以吸引人，不仅因为它能带来经济与科学上的回报，也因为它是一种类似于创作诗歌或音乐的审美体验。

——高德纳

人类致力于解决日益困难的问题。大多数问题都有人进行过类似的研究，所以可以考虑利用前人发现的高效算法。在求解问题之前，首要工作始终是寻找现有的算法。[①] 这一章将讨论一些著名的算法，包括：

- 高效排序超长列表
- 快速搜索所需的元素
- 操作与处理图
- 利用第二次世界大战期间发展起来的运筹学来优化过程

这一章将讨论可以应用这些已知方案解决的问题，包括数据排序、模式搜索、寻路等许多不同的类型。不少算法针对特定的研究领域，如图像处理、密码学、人工智能等。受篇幅所限，本书无法涵盖所有内容，[②] 只介绍一些最重要的算法，每位优秀的程序员都应该对它们了然于心。

5.1　排序

在计算机出现之前，数据排序是一个主要瓶颈，需要耗费大量时间手动进行。19 世纪 90 年代，制表机公司（IBM 的前身）实现了排序操作的自动化，从而使美国人口普查数据的编纂工作提前几年完成。

① 很难找到一个前人从未探索过的新问题。研究人员发现某个新问题时，会就此撰写一篇科学论文。

② 维基百科提供了完整的算法列表。

排序算法的数量很多。简单排序算法的时间复杂度为 $\mathcal{O}(n^2)$，2.1 节讨论的**选择排序**就是这样一种算法，人们往往用它来排序扑克牌。选择排序是一种具有二次成本的算法，这类算法通常用于对 1000 个元素以内的小数据集进行排序。一种著名的二次排序算法是**插入排序**，它在排序几乎已排序的数据集时非常有效（即便数据集很大）。

```
function insertion_sort(list)
    for i ← 2 … list.length
        j ← i
        while j and list[j-1] > list[j]
            list.swap_items(j, j-1)
            j ← j - 1
```

请读者在纸上写下上述算法，并使用一个几乎已排序的数字列表来运行程序。如果输入元素的数量很少，则 `insertion_sort` 算法的时间复杂度为 $\mathcal{O}(n)$。这种情况下，该算法执行的操作比其他任何排序算法都要少。

观察表 3-2 可以看到，对于没有排序的大数据集，时间复杂度为 $\mathcal{O}(n^2)$ 的算法耗时过多，因此我们需要寻找更加高效的算法。最知名的高效排序算法是**归并排序**（3.6 节）与**快速排序**，二者的时间复杂度均为 $\mathcal{O}(n \log n)$。利用快速排序对一堆扑克牌进行排序的步骤如下。

(1) 如果牌的数量少于 4 张，按正确的顺序排好即可，否则继续执行第 2 步。
(2) 从这堆牌中随机选择一张作为**基准**。
(3) 将大于基准的牌置于基准右侧的牌堆，小于基准的牌置于基准左侧的牌堆。
(4) 分别对左右两侧的牌堆重复上述过程。
(5) 将完成排序的左侧牌堆、基准、右侧牌堆合并在一起，就会得到一个已排序的牌堆。

请读者洗出一副牌，并根据上述步骤理牌。这是学习快速排序的好方法，也有助于加深对递归的理解。

掌握上述算法有助于处理大部分涉及排序的问题。我们无法逐一介绍所有排序算法，请记住，排序算法的数量很多，每种算法适用于求解特定的排序问题。

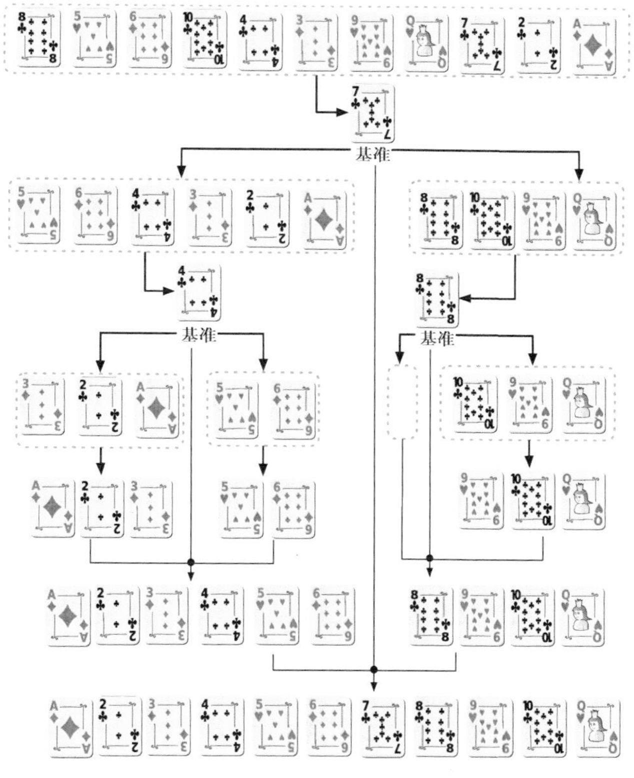

图 5-1　快速排序示例

5.2　搜索

在内存中查找特定信息是计算中的一项重要操作，因此扎实的搜索算法知识必不可少。最简单的搜索算法是**顺序搜索**，它逐一查找所有元素，直至找到指定元素，或在完成所有元素的检索后确定指定元素不存在。

不难看出，顺序搜索的时间复杂度为 $\mathcal{O}(n)$，其中 n 是搜索空间的元素总数。但如果所搜索的元素结构良好，就能采用更有效的方式进行搜索。根据 4.3 节的讨论可知，在搜索平衡二叉查找树中的数据时，其时间复杂度仅为 $\mathcal{O}(\log n)$。

如果元素位于排序数组中，也可以通过**二分查找**进行搜索，这种算法的时间复杂度同样为 $\mathcal{O}(\log n)$。二分查找在每一步使搜索空间缩小一半。

```
function binary_search(items, key):
    if not items
        return NULL
    i ← items.length / 2
    if key = items[i]
        return items[i]
    if key > items[i]
        sliced ← items.slice(i+1, items.length)
    else
        sliced ← items.slice(0, i-1)
    return binary_search(sliced, key)
```

如上所示，binary_search 算法在每一步执行固定数量的操作，并使输入范围缩小一半。换言之，对于 n 个元素，只需 $\log_2 n$ 步就能完成对全部输入的检索。由于每一步执行的操作数量固定不变，该算法的时间复杂度为 $\mathcal{O}(\log n)$。无论是搜索 100 万还是 1 万亿个元素，都能保持较快的搜索速度。

然而还存在更高效的方法：如果将元素存储在散列表（4.3 节）中，那么只需计算所搜索的键的散列值，因为它给出了具有该键的元素的地址。搜索空间增加时，查找一个元素所需的时间**不会因此而增加**，搜索数百万、数十亿甚至数万亿个元素均是如此。由于操作数量固定不变，算法的时间复杂度为 $\mathcal{O}(1)$，搜索几乎可以瞬时完成。

5.3 图

第 4 章曾经介绍过，图是一种灵活的数据结构，它使用结点与边存储信息，在社交网络（结点代表人，边代表朋友关系）、电话网络（结点代表电话与电话局，边代表通信）等领域得到了广泛应用。

5.3.1 图的搜索

怎样在图中查找某个结点呢？如果无法从图的结构中获得线索，就必须访问图中的所有结点，直至找到指定结点。为此可以采用两种方法：深度优先搜索与广度优先搜索。

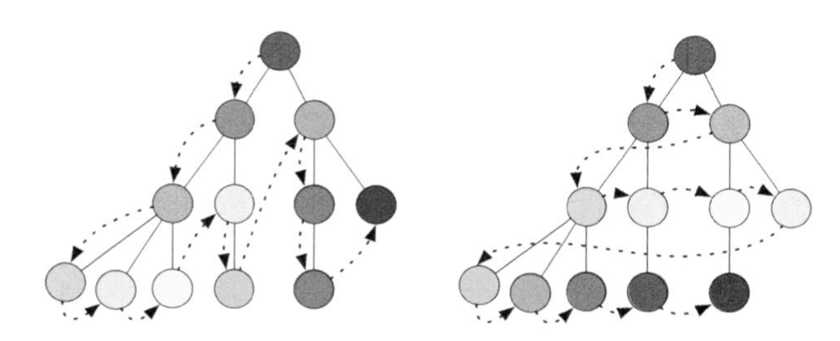

图 5-2 采用深度优先搜索（左）与广度优先搜索（右）对图进行遍历

深度优先搜索（DFS）沿着图的边逐渐深入，当到达某个与任何新结点都没有边相连的结点时，就返回前一个结点并继续上述过程。栈用于跟踪搜索路径：探索到结点时将其压入栈中，并在需要返回时从栈中弹出结点。3.4 节讨论的回溯策略就是利用这种方式实现搜索。

```
function DFS(start_node, key)
    next_nodes ← Stack.new()
    seen_nodes ← Set.new()

    next_nodes.push(start_node)
    seen_nodes.add(start_node)

    while not next_nodes.empty
        node ← next_nodes.pop()
        if node.key = key:
            return node
        for n in node.connected_nodes
            if not n in seen_nodes
                next_nodes.push(n)
                seen_nodes.add(n)
    return NULL
```

如果无法发起深度优先搜索，也可以尝试使用**广度优先搜索**（BFS）。它逐层对图进行探索：从起始结点的相邻结点开始，然后是相邻结点的相邻结点，以此类推。队列用于跟踪访问的结点。完成某个结点的探索后，我们将它的子结点插入队列，然后取出下一个结点进行探索。

```
function BFS(start_node, key)
    next_nodes ← Queue.new()
    seen_nodes ← Set.new()

    next_nodes.enqueue(start_node)
    seen_nodes.add(start_node)

    while not next_nodes.empty
```

```
            node ← next_nodes.dequeue()
            if node.key = key:
                return node
            for n in node.connected_nodes
                if not n in seen_nodes
                    next_nodes.enqueue(n)
                    seen_nodes.add(n)
        return NULL
```

请注意，DFS 与 BFS 仅在下一个待探索结点的存储方式上有所不同：DFS 使用栈，而 BFS 使用队列。

那么应该使用哪种搜索方法呢？ DFS 更容易实现，消耗的内存也更少，因为只需存储指向当前结点的父结点。与之相反，BFS 需要存储搜索过程的整个边界。如果图包含数百万个结点，BFS 或许并不可行。

如果正在搜索的结点可能距离起始结点不远，那么选择成本较高的 BFS 较为划算，因为 BFS 有助于更快地找到指定结点。如果需要探索图的全部结点，则最好坚持使用 DFS，因为它易于实现且内存占用更少。

图 5-3　“深度优先搜索”（取自 http://xkcd.com）

从图 5-3 中可以看到，选择错误的探索方法会产生严重后果。

5.3.2 图着色

可以将**图着色**问题描述如下：给定固定数量的“颜色”（或其他任何一组标签），必须为图中的每个结点分配一种颜色，且通过边相连的结点不能共享同一种颜色。举例如下。

> **手机干扰** 给定一张基站及其服务小区的地图，位于相邻小区的基站必须工作在不同的频率以避免干扰，且有4种频率可供选择。那么应该为每个基站分配哪种频率？

首先使用图为上述问题建模：图中的结点表示基站；两个基站距离过近会相互干扰，通过边将二者相连；每种颜色代表一种频率。

如何得到可行的频率分配方案呢？是否能找到一种仅使用3种甚至2种颜色的解决方案？实际上，寻找有效颜色分配所需的最少颜色数量是一种NP完全问题，只能采用指数算法求解。

我们不准备给出上述问题的算法，请运用所学的知识尝试自己解决这个问题。读者可以通过在线评测系统UVA提交自己的解。UVA将运行用户的代码并测试有效性，如果代码有效，系统还将比较不同用户的代码执行时间。书籍只能传授理论知识，请读者着手研究解决这个问题的算法与策略并进行尝试。向UVA这样的在线评测系统提交代码，有助于获得成为优秀程序员所需的实践经验。

5.3.3 寻路

寻找结点之间的最短路径是最著名的图问题。GPS导航系统通过搜索街道与十字路口的图来计算行程，某些系统甚至利用交通数据来增加表示拥堵街道的边的权重。

虽然可以采用BFS与DFS策略找出较短的路径，但二者并非最佳方案。寻找最短路径的一种著名方法是**戴克斯特拉算法**，它是一种非常有效的算法。BFS使用辅助队列来跟踪探索的结点，而戴克斯特拉算法使用优先队列。完成新结点的探索后，结点之间的连接被添加到优先队列。结点的优先级是连接该结点与起始结点的边的权重。因此，下一个探索的结点总是距离开始位置最近的结点。

某些情况下，戴克斯特拉算法将陷入无限循环，永远无法找到目标结点。**负循环**会诱使搜索过程无休止地进行，它表示图中在同一结点开始与结束的路径，路径中边的总权重为负值。有鉴于此，在边可能为负权重的图中搜索最短路径时务请小心。

如果准备搜索的图过于庞大，又该如何处理呢？可以考虑使用**双向搜索**以提高搜索速度。两个搜索进程分别从起始结点与目标结点同时运行，如果一个搜索区域中的任意结点也出现在另一个搜索区域，说明找到了符合条件的路径。单向搜索的搜索区域是双向搜索的两倍。观察图 5-4 可以看到，灰色区域的面积小于黄色区域。图 5-5 所示为一个算法示例。

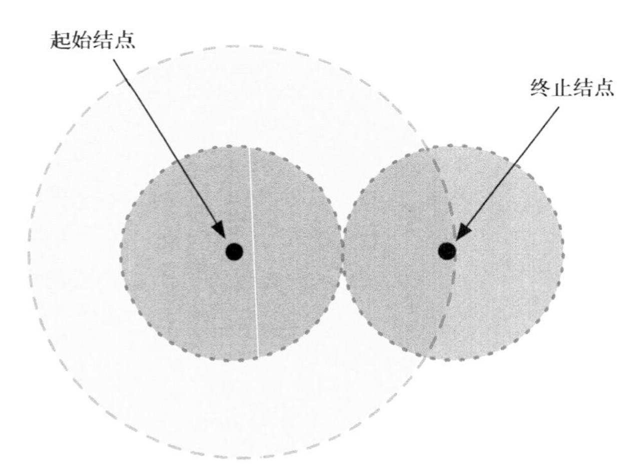

图 5-4　单向搜索区域与双向搜索区域的对比

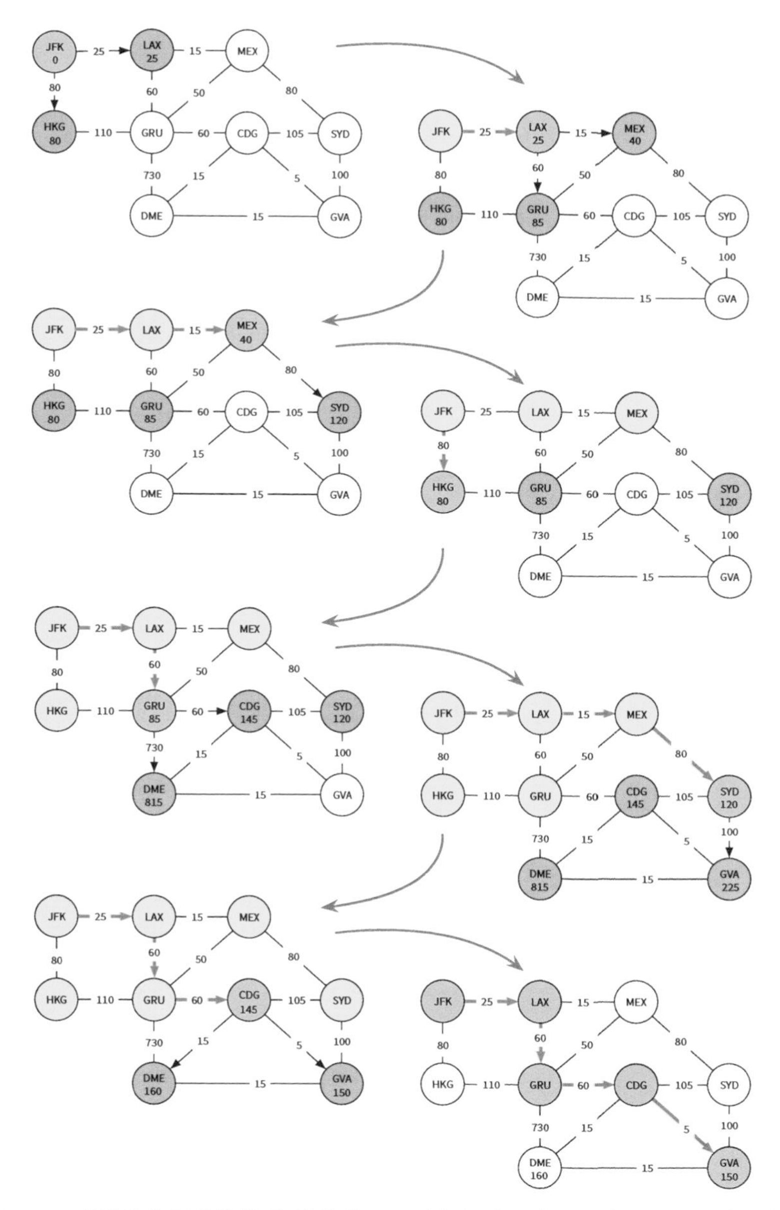

图 5-5 采用戴克斯特拉算法寻找从 JFK（肯尼迪国际机场）到 GVA（日内瓦国际机场）的最短路线

5.3.4 PageRank

读者是否思考过，Google 是如何分析数十亿张网页并将最相关的网页呈现给用户的？这个过程涉及多种算法，其中最重要的是 **PageRank 算法**。

在创建 Google 之前，谢尔盖·布林与拉里·佩奇是斯坦福大学的计算机科学学者，致力于图算法的研究。两人将万维网建模为一张图，其中结点表示网页，边表示网页之间的链接。

布林与佩奇认为，如果一个网页包括许多来自其他重要页面的链接，那么该网页必然也很重要。两人根据这个想法开发了按轮执行的 PageRank 算法。在初始阶段，图中的所有网页具有相同的“分值”；每轮计算完成后，每个页面将各自的分值分发给与之链接的页面。上述过程重复进行，直至所有分值达到稳定分布。每个页面的稳定分值称为 PageRank。Google 使用 PageRank 算法确定网页的重要性，迅速占据了搜索引擎市场的主导地位。

PageRank 算法也可应用于其他类型的图。例如，我们可以利用图对 Twitter 用户进行建模，然后计算每个用户的 PageRank。那么，具有较高 PageRank 的用户是否可能是一位重要人物呢？

5.4 运筹学

第二次世界大战期间，英国陆军需要做出最佳的战略决策以便优化作战效果。为寻求协调军事行动的最佳方法，军方开发了多种分析工具。

这种实践被命名为**运筹学**，这门学科改进了英国早期的预警雷达系统，并帮助政府更好地管理人力与资源。战争期间，数百位英国科学家致力于运筹学的研究；二战结束后，新的理念在优化企业与行业的流程中得到了应用。运筹学涉及定义**最大化**或**最小化**的目标，它有助于在最大程度上提高收益、利润或绩效，并尽可能降低损失、风险或成本。

例如，航空公司利用运筹学来优化航班时刻表；对劳动力与设备调度进行微调能节省数百万美元的开支；此外，炼油厂需要在混合原料中找出最佳配比，这也可以被视为一个运筹学问题。

5.4.1 线性最优化问题

如果可以利用线性方程[①]对问题的目标与约束条件进行建模，则称其为**线性最优化问题**。本节将讨论如何求解这类问题。

> **文件柜采购** 办公室需要采购文件柜。文件柜 X 的价格为 10 美元，占地 6 平方英尺，能存放 8 立方英尺的文件；文件柜 Y 的价格为 20 美元，占地 8 平方英尺，能存放 12 立方英尺的文件。如果预算为 140 美元，且办公室有 72 平方英尺的空间可以放置文件柜，那么如何采购才能存放最多的文件？

首先确定问题中的变量。采用 x 与 y 表示两种文件柜的购置数量。

- x：文件柜 X 的购置数量。
- y：文件柜 Y 的购置数量。

我们希望存储容量最大化。设存储容量为 z，将其作为 x 与 y 的函数进行建模，得到：

$$z = 8x + 12y$$

然后选择 x 与 y 的值，以便使 z 最大。x 与 y 的值必须满足预算和面积的约束条件，即 140 美元以内和不超过 72 平方英尺。根据这些约束条件进行建模。

- $10x + 20y \leqslant 140$（预算约束）
- $6x + 8y \leqslant 72$（面积约束）
- $x \geqslant 0$，$y \geqslant 0$（无法购买负数个文件柜）

那么如何求解上述问题呢？由于办公室放置文件柜的空间有限，不能简单地购买具有最佳存储容量与占地面积之比的文件柜。或许可以利用蛮力法编写一个程序，对所有可能的 x 与 y 计算 z，并选择能使 z 最大的 x 与 y 的组合。但蛮力法只适合求解简单的问题，如果变量较多则不太可行。

---

① 形式上指一次多项式。线性方程可以没有平方（或幂），其变量只能与常数相乘。

事实证明，求解这样的线性最优化问题不必编写程序，只需使用合适的工具即可。**单纯形法**可以有效求解线性最优化问题，自 20 世纪 60 年代以来一直是解决复杂问题的利器。如果读者必须求解某个线性最优化问题，不要“重新发明轮子”，选择一种现成的单纯形法求解器即可。

在单纯形法求解器中输入需要最大化（或最小化）的函数以及对约束条件建模的方程，其余工作将由求解器完成。在本例中，使 z 最大的 x 与 y 的组合为 $x = 8$ 且 $y = 3$。

单纯形法对可能解的空间进行巧妙的探索。为理解这种算法的原理，我们采用二维平面表示 x 与 y 所有可能的值，其中直线表示预算与面积的约束条件（参见图 5-6）。

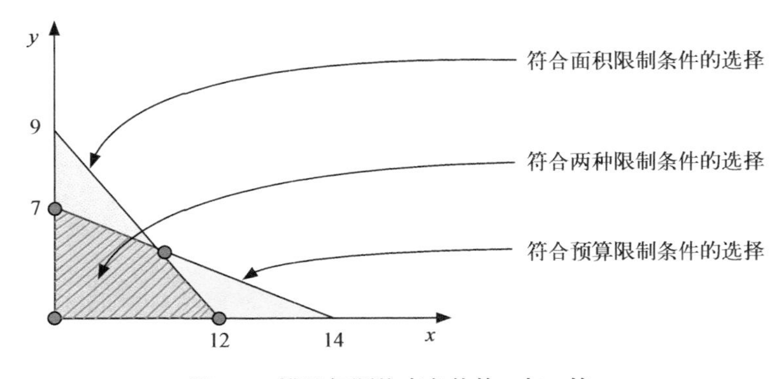

图 5-6　满足问题约束条件的 x 与 y 值

请注意，所有可能解的空间是图中的封闭区域。现已证明，线性问题的最优解必须是这个封闭区域的某个角点，它是各个约束条件的交叉点。单纯形法检查这些角点，从中选出使 z 最优的角点。在多于两个变量的线性最优化问题中，很难通过示意图表示上述过程，但数学原理并无不同。

5.4.2　网络流问题

许多与网络和流有关的问题都能用线性方程表示，从而很容易利用单纯形法求解。

> **补给网络** 连接各个城市的铁路线构成了铁路网。每条铁路线具有最大运力，即每日可运送的最大物资流量。那么从一个给定的生产城市可以运送多少物资到一个给定的消费城市？

采用线性方程对上述问题建模，每条铁路线以一个变量表示，它是通过该铁路线运送的物资量。约束条件如下：所有铁路线不能超过其运力；除生产与消费城市外，所有城市的物资流入量必须与物资流出量相等。接下来需要选择变量的值，以便使接收城市的物资流入量最大化。

此处不准备详细解释线性形式的映射。本节的重点在于告诉读者，许多涉及图、成本与流的最优化问题很容易通过现有的单纯形法实现求解。读者可以从网上找到大量有用的文档，并请留意，不要浪费时间“重新发明轮子”。

5.5 小结

这一章介绍了求解各类问题所用的一些知名算法与技术。在解决问题之前，首先应寻找现有的算法与方法。

受篇幅所限，许多重要的算法尚未包括在内，例如，比戴克斯特拉算法更高级的搜索算法（如 A 星算法）、检测两个单词相似程度的算法（莱文斯坦距离）、机器学习算法等，不一而足。

参考资料

- 《算法图解》[①]，Aditya Bhargava 著
- 《算法导论》，Thomas Cormen 等著
- 《算法》[②]，Robert Sedgewick 等著
- 讲义“Simple Linear Programming Model”，作者 Katie Pease

---

① 该书已由人民邮电出版社出版，详见 http://www.ituring.com.cn/book/1864。——编者注

② 《算法（第 4 版）》已由人民邮电出版社出版，详见 http://www.ituring.com.cn/book/875。——编者注

第6章

数据库

> 尽管我因为在数据库方面的贡献而为人所熟知，但架构师的工作才是我所擅长的：分析需求并构建简单但优雅的解决方案。
>
> ——查尔斯·巴赫曼[1]

管理计算机系统中的海量数据集合并非易事，但往往至关重要：生物学家存储并检索 DNA 序列及其相关的蛋白质结构；Facebook 管理由数十亿用户生成的内容；Amazon 跟踪其销售、库存与物流信息。

如何在磁盘上存储这些不断变化的海量数据集合？不同代理如何同时检索、编辑并添加数据？我们通过**数据库管理系统**（DBMS）实现这些功能，它是用于管理数据库的一种特殊软件。DBMS 负责数据的组织与存储，并协调对数据库的访问与修改。这一章将讨论以下内容：

- 理解大部分数据库使用的**关系模型**
- 灵活使用**非关系**数据库系统
- 协调计算机并**分发**数据
- 利用**地理**数据库系统更好地绘制地图
- 通过数据**序列化**实现跨系统的数据共享

虽然关系数据库系统占据主导地位，但非关系数据库系统通常易于实现且效率更高。数据库系统种类繁多，选择满足需要的数据库并非易事。这一章将概述不同类型的数据库系统。

为有效利用数据，首先要能方便地通过数据库系统访问数据。矿工可以从看似廉价的岩石地块中开采出价值连城的矿物与金属，我们同样可以

---

① 查尔斯·巴赫曼（1924—2017），美国计算机科学家，数据库技术先驱，曾设计并开发了第一代网状数据库系统——集成数据存储（IDS），1973 年因“数据库技术方面的杰出贡献”而获得图灵奖。巴赫曼在标准制定方面也颇有建树，是开放系统互连（OSI）标准的制定者之一。——译者注

从数据库中提取出有用的信息。这就是所谓的**数据挖掘**。

例如，一家大型连锁杂货店分析产品交易数据后发现，那些消费最多的顾客会经常购买一种日销量不足 200 份的奶酪。一般情况下，连锁店会停止供应销量较低的产品。但经理因为数据挖掘受到启发，不仅没有让这种奶酪产品下架，还将它置于更显眼的位置。这一举措深受消费最多的顾客好评，他们光顾连锁店的次数也随之增加。这家连锁杂货店之所以能做出如此明智的决定，得益于数据库系统中组织良好的数据。

6.1　关系数据库

20 世纪 60 年代末出现的**关系模型**是信息管理领域的一个巨大飞跃。关系数据库可以很容易地避免信息重复与数据不一致，它是目前使用最广泛的数据库系统。

在关系模型中，数据被划分为不同的**表**，其工作方式类似于矩阵或电子表格。表中的行代表数据条目，**列**是数据条目具有的不同属性。通常会为列指定可以容纳的数据类型，也可以指定其他限制条件，如是否要求行必须在该列中具有值，或列中的值必须在表的所有行中唯一，不一而足。

通常将列称为**字段**。如果列仅能存储整数，则称其为**整数字段**。不同的表使用不同类型的字段，表的组织由字段以及针对字段的限制决定。字段与限制的这种组合称为表的**模式**。

所有数据条目都是行，如果行违反表的模式就无法进入数据库系统，这是关系模型的一大局限。当数据特征变化过大时，将数据拟合为某种固定的模式可能很麻烦。但如果所处理的数据具有同质结构，那么固定模式有助于确保数据的有效性。

6.1.1　关系

设想一个包含在单张表中的发票数据库，每张发票必须保存订单与客户信息。如果需要为同一个客户存储多张发票，信息将出现重复。

日期	客户姓名	客户电话	订单总额
2017-02-17	Bobby Tables	997-1009	$93.37
2017-02-18	Elaine Roberts	101-9973	$77.57
2017-02-20	Bobby Tables	997-1009	$99.73
2017-02-22	Bobby Tables	991-1009	$12.01

图 6-1 存储在单张表中的发票数据

重复的信息很难管理与更新，为解决这个问题，关系模型将相关信息分解到不同的表中。例如，我们将发票数据分为“订单”与“客户”两张表，并使“订单”表中的每一行引用“客户”表中的某一行。

订单

ID	日期	客户	金额
1	2017-02-17	37	$93.37
2	2017-02-18	73	$77.57
3	2017-02-20	37	$99.73
4	2017-02-22	37	$12.01

客户

ID	姓名	电话
37	Bobby Tables	997-1009
73	Elaine Roberts	101-9973

图 6-2 行之间的关系可以避免数据重复

通过将不同表中的数据关联起来，同一个客户可以出现在许多订单中而不会造成数据重复。为支持关系的使用，每张表都有一个特殊的标识字段（或 ID），它用于引用表中特定的行。ID 值必须唯一，即两行不能共享同一个 ID。表的 ID 字段也称为**主键**，记录对其他行 ID 的引用的字段称为**外键**。

借由主键与外键，就能在不同的数据集之间创建复杂的关系。例如，图 6-3 所示的表用于存储图灵奖[①]得主的相关信息。

① 图灵奖被誉为“计算机科学领域的诺贝尔奖”，奖金为 100 万美元。

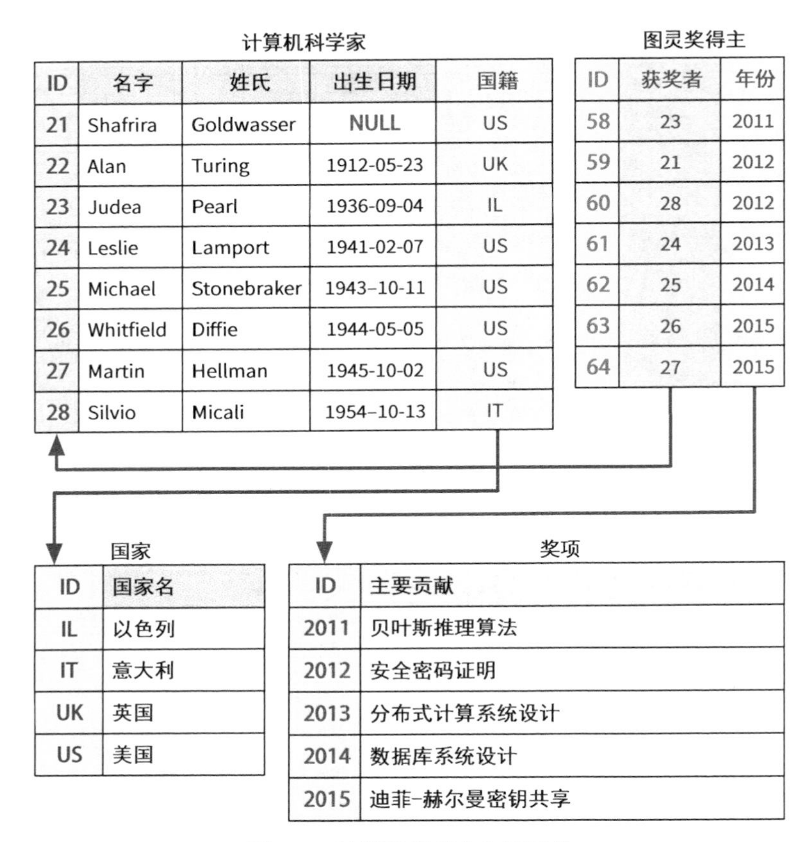

计算机科学家

ID	名字	姓氏	出生日期	国籍
21	Shafrira	Goldwasser	NULL	US
22	Alan	Turing	1912-05-23	UK
23	Judea	Pearl	1936-09-04	IL
24	Leslie	Lamport	1941-02-07	US
25	Michael	Stonebraker	1943-10-11	US
26	Whitfield	Diffie	1944-05-05	US
27	Martin	Hellman	1945-10-02	US
28	Silvio	Micali	1954-10-13	IT

图灵奖得主

ID	获奖者	年份
58	23	2011
59	21	2012
60	28	2012
61	24	2013
62	25	2014
63	26	2015
64	27	2015

国家

ID	国家名
IL	以色列
IT	意大利
UK	英国
US	美国

奖项

ID	主要贡献
2011	贝叶斯推理算法
2012	安全密码证明
2013	分布式计算系统设计
2014	数据库系统设计
2015	迪菲–赫尔曼密钥共享

图 6-3 计算机科学家与图灵奖

“计算机科学家”与“奖项”表之间的关系不像“客户”与“订单”表那样简单。两位计算机科学家可以共享一个奖项，一位计算机科学家也可以多次获奖。有鉴于此，我们采用“图灵奖得主”表存储计算机科学家与奖项之间的关系。

如果一个数据库以完全不存在重复信息的方式进行组织，则称该数据库是**规范化的**。将包含重复数据的数据库转换为不包含重复数据的过程称为**规范化**。

6.1.2 模式迁移

随着应用程序的规模增长以及新功能越来越多，其数据库结构（所有表的模式）很难保持不变。如果需要调整数据库结构，我们可以创建一个**模式迁移**脚本，以便自动升级模式并相应地转换现有数据。这些脚本通常还具备撤销更改的功能，从而很容易就能恢复数据库结构，使之匹配先前某个软件版本。

大部分 DBMS 都提供现成的模式迁移工具，可以帮助用户创建、应用与恢复模式迁移脚本。某些大型系统每年要进行数百次模式迁移，因此这些工具是必不可少的。如果不创建模式迁移，那么对数据库的“手动”更改将很难恢复到指定的工作版本，难以保证不同软件开发人员的本地数据库之间相互兼容。这些问题在不太注重数据库实践的大型软件项目中经常出现。

6.1.3 SQL

几乎所有关系 DBMS 都使用一种名为 SQL 的查询语言。受篇幅所限，本书不准备深入讨论 SQL，仅对其工作原理做一概述。即便不直接与 SQL 打交道，熟悉这种查询语言也很重要。SQL 查询是一种语句，它描述了需要检索的数据。

```
SELECT <field name> [, <field name>, <field name>,…]
FROM <table name>
WHERE <condition>;
```

`SELECT` 后跟表示希望获取的字段，“`SELECT *`”用于获取表中的所有字段。由于数据库中可能存在多个表，使用 `FROM` 来声明需要查询哪个表。`WHERE` 命令指定了所选行的条件，可以通过布尔逻辑指定多个条件。以下面的查询为例，我们从“客户”表中获取所有字段，并根据“姓名”与“年龄”字段对行过滤。

```
SELECT * FROM customers
WHERE age > 21 AND name = "John";
```

读者可以在不指定 WHERE 子句的情况下执行“SELECT * FROM customers”查询，此时将返回所有客户。其他需要掌握的查询操作符包括 ORDER BY 与 GROUP BY：前者根据指定字段对结果排序，后者用于将结果分组并返回每个组的聚合结果。假设“客户”表包含“国家”与“年龄”字段，那么可以进行以下查询。

```
SELECT country, AVG(age)
FROM customers
GROUP BY country
ORDER BY country;
```

上述查询将返回一个客户居住国家的排序列表，以及每个国家的客户平均年龄。也可以使用 SQL 提供的其他聚合函数。例如，采用 MAX(age) 替换 AVG(age)，则查询将返回每个国家最年长客户的年龄。

某些情况下，我们需要考虑行中的信息以及与信息关联的其他行。仍然以之前讨论的“订单”表与“客户”表为例，二者分别存储订单与客户的信息。如图 6-2 所示，“订单”表包括一个引用“客户”表的外键。如果希望查找创建高价值订单的客户信息，就需要从两个表中获取数据。但我们不必单独查询两个表并自行匹配记录，采用以下 SQL 命令即可。

```
SELECT DISTINCT customers.name, customers.phone
FROM customers
JOIN orders ON orders.customer = customers.id
WHERE orders.amount > 100.00;
```

上述查询将返回订单超过 100 美元的客户的姓名与电话号码。SELECT DISTINCT 限定每个客户只需返回一次。JOIN[①] 可以实现非常灵活的查询，但也要付出一定代价：JOIN 操作的计算成本很高，因为该操作会考虑查询中所连接的表中每一行的组合。数据库管理器必须时刻注意连接表行数的乘积。如果表的规模特别大，JOIN 操作将无法实现。JOIN 是关系数据库中最有力的操作，但同时也是最薄弱的环节之一。

① 执行 JOIN 操作的方式很多，详见 http://www.sql-join.com/。

6.1.4 索引

要使表的主键发挥作用，必须在给定 ID 值时能迅速检索数据条目。为此，DBMS 构建了一个辅助索引，用于将行 ID 映射到它们在内存中的相应地址。从本质上说，索引是一种自平衡二叉查找树（4.3 节），表中的每一行对应于树中的一个结点。

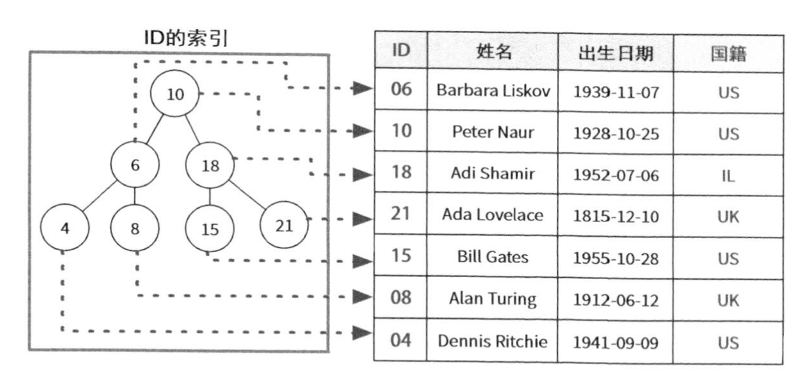

图 6-4　将 ID 值映射到行的位置的索引

结点键是索引字段中的值。我们搜索树中的值，以查找具有给定值的寄存器。找到结点后取出它存储的地址，根据地址就能获取寄存器。搜索二叉查找树的时间复杂度为 $\mathcal{O}(\log n)$，因此在大型表中查找寄存器的速度很快。

通常情况下，DBMS 为数据库中的每个主键都建立一个索引。如果经常需要通过搜索其他字段来查找寄存器（如根据姓名搜索客户），可以指示 DBMS 为这些字段建立额外的索引。

唯一性约束　具有唯一性约束的字段通常会自动建立索引。当插入新的行时，DBMS 必须对整个表进行搜索以确保没有违反唯一性约束。在没有索引的字段中查找某个值时，需要检查表中的所有行；而对于建立索引的字段，我们很快就能找到准备插入的值是否已经存在。为具有唯一性约束的字段建立索引，对实现元素的快速插入至关重要。

排序　在建立索引的字段中，索引有助于以排序顺序获取行。例如，如果“姓名”字段包括索引，那么无须额外的计算就能按姓名对行排序。而在没有索引的字段中使用 ORDER BY 时，DBMS 必须在处理查询请求前先对内存中的数据排序。当查询涉及的行数过多时，对于那些请求按非索引字段排序的查询，不少 DBMS 甚至可能拒绝执行。

如果必须先按国家、再按年龄对行排序，那么为“年龄”或“国家”字段建立索引并无太大帮助。虽然为“国家”字段建立索引后可以获取按国家排序的行，但仍然需要按年龄对同一国家的客户手动排序。当需要对两个字段排序时，可以使用**联合索引**。它对多个字段建立索引，虽然无法加快元素查找的速度，但可以使返回数据在多个字段中的排序变得易如反掌。

性能 索引的功能强大，可以实现极快的查询以及对排序数据的即时访问。那么，为何不为每张表的**所有**字段都建立索引呢？这是因为在表中插入或删除一个寄存器时，必须更新表的全部索引以反映这种变化。如果索引的数量很多，更新、插入或删除行的计算开销可能会变得很大（不要忘记树的平衡）。此外，索引会占用磁盘空间，而这并非无限的资源。

读者应注意监控应用程序使用数据库的情况，DBMS 通常会提供相应的工具。这些工具可以“解释”查询，报告某个查询使用了哪些索引，以及执行查询时需要对多少行进行顺序扫描。如果查询消耗太多时间对一个字段中的数据进行顺序扫描，应考虑为该字段建立索引，观察是否有所帮助。例如，如果需要频繁查询一个给定年龄人口的数据库，那么为“年龄”字段建立索引后，DBMS 就能直接选择与给定年龄对应的行。由于不必通过顺序扫描来过滤不匹配给定年龄的行，查询时间得以减少。

要调整数据库以获得更高的性能，关键在于了解需要保留与需要丢弃的索引。如果数据库主要进行读取但很少更新，那么保留更多的索引或许较为明智。糟糕的索引是导致商业系统速度降低的主要原因。粗心的系统管理员通常不去检查常用查询的运行情况，他们只为自己“感觉”会提高性能的随机字段建立索引——但这并非良策。请使用“解释”工具来检查查询，并仅在索引有助于改善性能时再添加索引。

6.1.5 事务

想象一家神秘的瑞士银行没有任何转账记录，银行的数据库仅存储账户余额。假设有人希望将资金从自己的账户转移到朋友在同一家银行开设的账户，那么银行的数据库必须执行两项操作：从一个账户扣除金额，并向另一个账户添加金额。

数据库服务器通常允许多个客户同时读写数据，因为采用顺序方式执行操作会导致 DBMS 的速度过慢。问题在于，如果有人在扣除金额之后、添加金额之前查询所有账户的总余额，就会发现资金丢失。更糟糕的是，如果系统在两项操作之间断电会发生什么情况？当系统恢复连接后，很难找出数据不一致的原因。

因此，数据库系统要么执行某项多部分操作的所有更改，要么保持数据不变。为此，数据库系统提供了一种称为**事务**的功能，它是必须以原子方式[1]执行的数据库操作的列表。事务有助于简化程序员的工作：数据库系统负责保持数据库的一致性，程序员只需将相关操作包装在一起即可。

```
START TRANSACTION;
UPDATE vault SET balance = balance + 50 WHERE id=2;
UPDATE vault SET balance = balance - 50 WHERE id=1;
COMMIT;
```

请记住，在没有事务的情况下执行多步更新，最终会导致数据出现无法控制、难以预料且不易发现的不一致问题。

6.2 非关系数据库

关系数据库功能强大，但也存在一定的局限性。随着应用程序越来越复杂，其关系数据库将包括越来越多的表。查询变得越来越大，越来越难以理解。此外，`JOIN` 操作逐渐增多，不仅会增加计算成本，还可能造成严重的瓶颈。

[1] 原子操作在一步内执行完毕，不会出现执行一半的情况。

非关系模型抛弃了表格关系，它几乎不需要合并来自多个数据条目的信息。由于非关系数据库系统使用不同于 SQL 的查询语言，也被称为 NoSQL 数据库。

图 6-5　“NoSQL”（取自 http://geek-and-poke.com/）

6.2.1　文档存储

最为人所熟知的 NoSQL 数据库类型是**文档存储**。在文档存储中，数据条目完全按应用程序需要的方式保存。以存储博客文章为例，图 6-6 比较了表格方式与文档方式的区别。

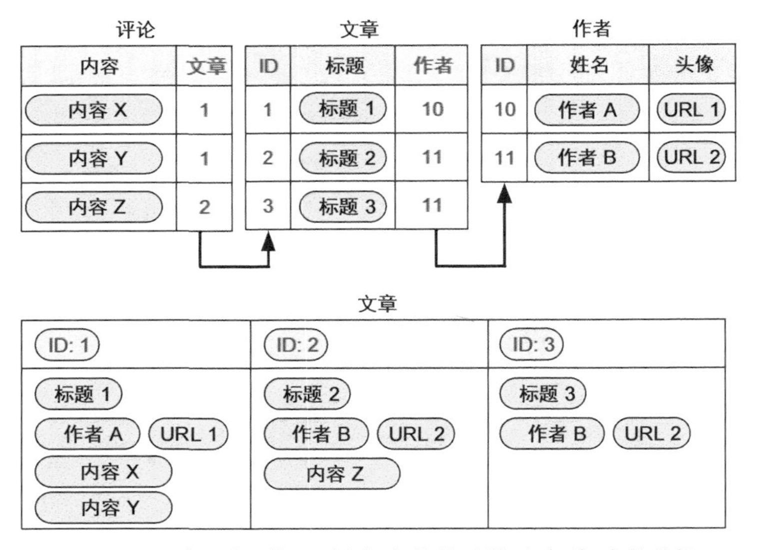

图 6-6　采用关系模型（上）与非关系模型（下）存储数据

注意观察一篇文章的所有数据如何被复制到该文章的寄存器中。非关系模型**期望**用户在每个相关位置执行信息的复制，这种模型很难保持重复数据的更新与一致。但通过将相关数据分组，文档存储可以提供更大的灵活性，包括：

- 无须对行执行连接操作；
- 无须固定模式；
- 可以为每个数据条目分别配置字段。

换言之，文档存储中不存在"表"与"行"。相反，数据条目称为**文档**，相关文档被分组在**集合**中。

文档包括一个主键字段，因此可以跨文档创建关系。但 `JOIN` 操作在文档存储中并非最佳选择，有时甚至无法实现，所以用户必须自行跟踪文档之间的关系。两种方法都很糟糕：如果多个文档共享相关数据，那么应该将数据复制到文档中。

与关系数据库一样，NoSQL 数据库同样为主键字段建立索引。此外，也可以为需要经常查询或排序的字段添加额外的索引。

6.2.2 键值对存储

在有组织且持久的数据存储方式中，**键值对存储**是最简单的形式，主要在缓存中使用。例如，用户向服务器请求特定网页时，服务器必须从数据库获取网页的数据，并使用这些数据渲染准备发送给用户的 HTML。对需要处理数千次并发访问的高流量网站而言，这种操作并不可行。

为解决这个问题，我们使用键值对存储作为缓存机制。其中键是所请求的 URL，值是相应网页的最终 HTML。用户下一次请求相同的 URL 时，只需使用 URL 作为键，从键值对存储中检索已生成的 HTML 即可。

如果需要重复某种总是产生相同结果且速度很慢的操作，应考虑将其缓存。但键值对存储并非唯一选择，也可以将缓存保存在其他类型的数据库中。仅当需要频繁访问缓存时，才能体现出键值对存储系统的高效性。

6.2.3 图数据库

图数据库将数据条目存储为结点，关系存储为边。结点不依赖于固定的模式，可以灵活地存储数据。图结构能根据数据条目之间的关系有效地处理数据条目。图 6-6 的信息在图中的表示如图 6-7 所示。

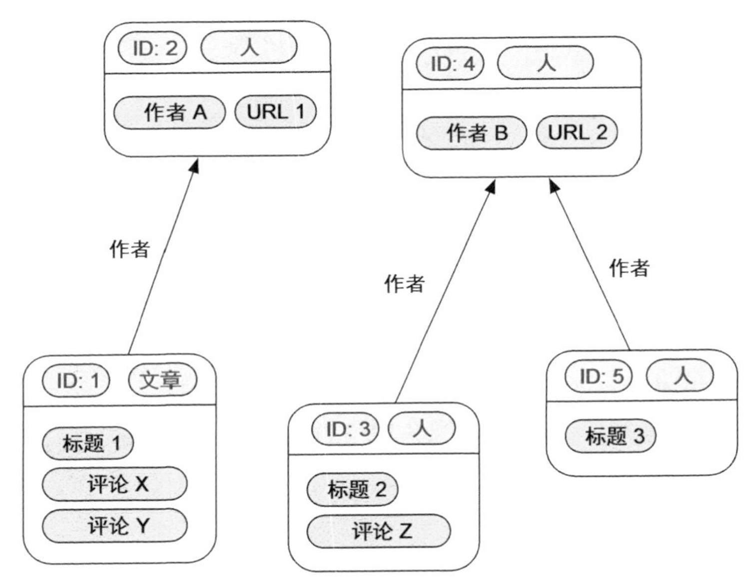

图 6-7 使用图数据库存储博客信息

图数据库是最灵活的数据库类型，它抛弃了表与集合，以直观的方式存储网络化数据。如果希望在白板上绘制城市的地铁与公交车站，不必编写表格数据，使用循环、边框与箭头即可。图数据库支持采用这种方式存储数据。

如果数据的结构类似于某种网络，可以考虑使用图数据库。当数据之间存在大量重要的关系时，这种数据库尤其有用。图数据库还能实现不同类型的面向图的查询。例如，将公共交通数据存储在图中，就能直接查询两个给定公交车站之间的最佳直达路线。

6.2.4 大数据

流行词汇**大数据**描述了在容量、速度或多样性[①]方面极具挑战性的数据处理情况。大的数据容量表示需要处理数拍字节（PB）的数据，相当于大型强子对撞机[②]产生的数据量。高的数据速度表示每秒能存储百万次写操作而没有延迟，或快速处理数十亿次读查询。数据多样性表示数据没有很强的结构，因此难以使用传统的关系数据库进行处理。

任何情况下，如果由于容量、速度或多样性而需要采用非标准的数据管理方法，都可以将其称作“大数据”应用。为开展某些最先进的科学实验（如与大型强子对撞机或平方千米阵[③]有关的实验），计算机科学家正在致力于他们称之为**大数据**（megadata）的研究：对数百万太字节的数据进行存储和分析。

由于增加了灵活性方面的要求，大数据通常与非关系数据库相关，许多类型的大数据应用无法通过关系数据库实现。

6.2.5 SQL与NoSQL的比较

关系数据库以数据为中心，无论数据的需求如何，都能最大限度利用数据结构并消除重复。非关系数据库以应用程序为中心，便于根据用户需求进行访问和使用。

根据之前的讨论可知，NoSQL 数据库能快速有效地存储大量易失性的非结构化数据。用户不必担心固定模式与模式迁移，可以更快地开发解决方案。对程序员来说，非关系数据库通常感觉更自然、更容易。

非关系数据库功能强大，但**用户**需要负责更新跨文档与集合的重复信息，并采取必要措施保持数据的一致性。请记住，权力越大，责任也越大。

---

① 通常称为 3V(volume, velocity, variety)。有时也称为 5V，另外两个 V 是价值(value)与准确性（veracity）。

② 大型强子对撞机（LHC）是全球最大的粒子加速器。在一次实验中，其传感器每秒产生的数据量为 1000 太字节。

③ 平方千米阵（SKA）是一组计划于 2020 年投入使用的望远镜，每天将产生 100 万太字节的数据。

6.3 分布式数据库

某些情况下，多台（而非一台）计算机必须协同工作才能提供数据库系统。举例如下。

- 数百太字节的数据库。没有一台计算机的存储空间能如此之大。
- 每秒处理数千次并发查询的数据库系统。[①] 没有一台计算机拥有足够的网络或处理能力以应付这种规模的负载。
- 任务关键型数据库，如记录特定空域内飞机当前高度与速度的数据库。依靠一台计算机过于冒险：一旦这台计算机崩溃，数据库将无法使用。

在上述场景中，DBMS 运行在多台协同工作的计算机中，构成一个**分布式数据库**系统。接下来，我们将讨论建立分布式数据库时最常用的一些方法。

6.3.1 单主机复制

一台计算机作为**主机**，负责接收所有对数据库的查询。主机与多台**从机**相连，每台从机都有一份数据库的副本。主机收到写查询后转发给从机，使各个从机保持同步。

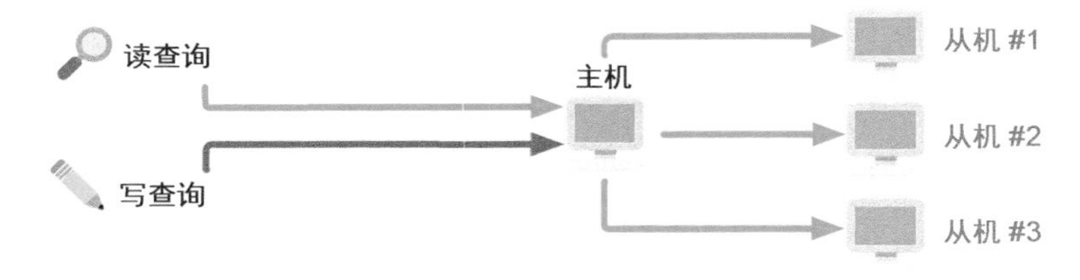

图 6-8 单主机分布式数据库

① 2014 年世界杯决赛结束之后，Twitter 在峰值时的新推文数量超过每秒 1 万条。（作为对比，阿里巴巴自主研制的 X-DB 分布式数据库在 2017 年“双十一”期间首次亮相，支撑的零点峰值为 32.5 万笔 / 秒。——译者注）

在上述设置中，主机将读查询委托给各个从机，因此可以处理更多的读查询。系统的可靠性也随之提高：如果主机出现故障，从机可以自动协调并选举一个新的主机，从而确保系统能持续运行。

6.3.2 多主机复制

如果数据库系统必须支持大量并发写查询，那么一台主机无法处理所有负载。这种情况下，集群中的所有计算机都成为主机，负载均衡器将传入的读写查询平均分配给集群中的计算机。

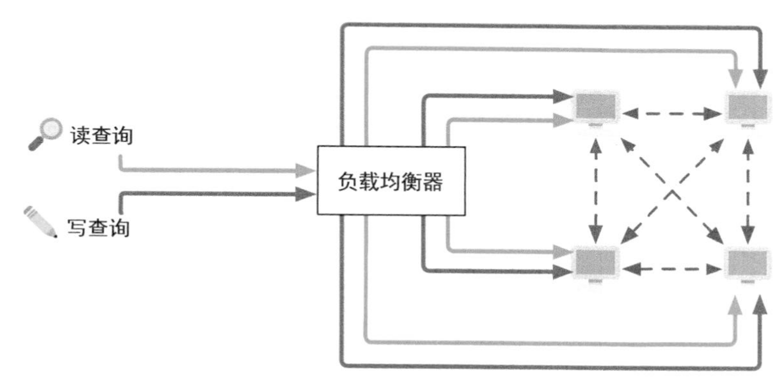

图 6-9 多主机分布式数据库

如上所示，每台计算机与集群中所有其他计算机相连。写查询在计算机之间传播，使得所有计算机均保持同步。换言之，每台计算机都有一份完整数据库的副本。

6.3.3 分片

如果数据库收到许多针对大量数据的写查询，那么使集群中的所有计算机保持数据库同步并非易事，因为某些计算机可能没有足够的存储空间保存整个数据库。一种解决方案是将数据库切分到各个计算机中。由于每台计算机都拥有数据库的一部分，查询路由器会将查询转发给相应的计算机。

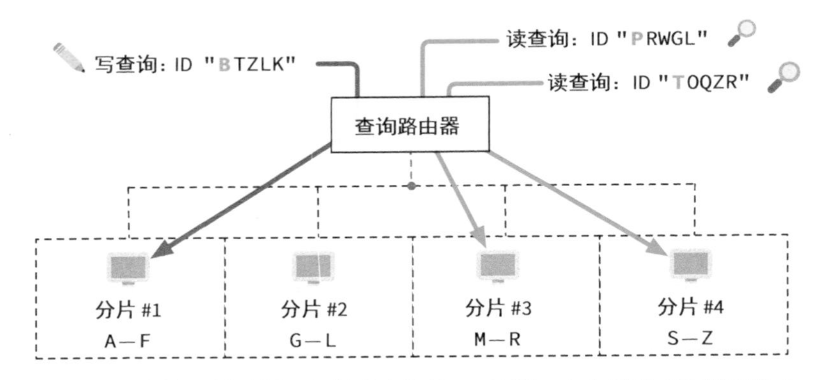

图 6-10 分片设置示例：根据所查询的 ID 的第一个字母对查询进行路由

上述设置有能力处理针对超大数据库的大量读写查询，但它存在一个问题：如果集群中的一台计算机出现故障，这台计算机保存的那部分数据将无法使用。为降低这种风险，可以将分片与复制结合在一起使用。

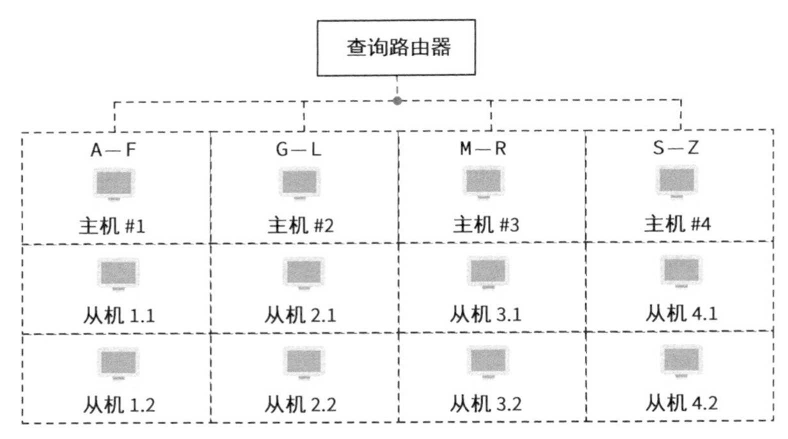

图 6-11 分片设置示例：每个分片包括 3 个副本

如上所示，每个分片由一个主从集群提供服务，以进一步增强数据库系统处理读查询的能力。如果分片中的一台主服务器发生故障，从服务器可以自动取代它，确保系统不会崩溃或丢失数据。

6.3.4 数据一致性

在使用复制的分布式数据库中，一台计算机进行的更新无法立即传播给所有副本。集群中的所有计算机在一段时间后才能达到同步状态，这会破坏数据一致性。

以在线销售电影票为例。由于流量过大，网站的数据库分布在两台服务器中。艾丽斯从服务器 A 购买了一张票，而鲍勃在服务器 B 上也发现了这张票。在艾丽斯的购票信息发送给服务器 B 之前，鲍勃也进行了购票操作，导致两台服务器出现**数据不一致**。为解决这个问题，我们不得不取消其中一个人的购票操作，并向愤怒的艾丽斯或鲍勃致歉。

可以利用数据库系统提供的工具来缓解数据不一致造成的困扰。例如，某些数据库支持用户发出在整个集群中强制执行数据一致性的查询，不过这会降低数据库系统的性能。此外，事务会强制协调集群中的所有计算机以锁定可能的大块数据，导致分布式数据库出现严重的性能问题。

这是需要在一致性与性能之间做出的权衡。如果数据库查询并非严格执行数据一致性，则认为它们追求**最终一致性**，即保证数据在一段时间后能最终达到一致性。这意味着可能无法应用某些写查询，某些读查询可能会返回过时的信息。

许多情况下，使用最终一致性不会产生问题。例如，在线销售的某件产品显示有 284 条而非 285 条用户评论，这并非说明出现了问题，因为有一条评论是刚刚发布的。

6.4 地理数据库

许多数据库都存储地理信息，如城市的位置或定义州边界的多边形。交通类应用可能需要绘制道路、铁路与车站之间的连接方式。美国人口调查局需要存储数千个人口普查区的制图形状，以及从每个普查区采集的人口普查数据。

在这些数据库中，查询空间信息十分有趣。例如，如果我们负责紧急医疗服务，那么显然需要一个存储本地区医院位置的数据库。对于任意给定的位置，数据库系统必须能快速找到最近的医院。

这些应用推动了地理信息系统（GIS）的发展。为处理地理数据，GIS专门定义了PointField、LineField、PolygonField等字段，并能在这些字段中执行空间查询。以存储河流与城市信息的GIS数据库为例，我们可以直接进行以下查询：**“列出距离密西西比河10英里之内的城市，并按人口数量排序”**。由于GIS使用空间索引，通过空间邻近度进行搜索效率很高。

这些系统甚至支持用户定义空间约束条件。以存储地块信息的表为例，可以规定两个地块不得重叠占据相同的土地，从而极大减少土地登记部门的工作量。

许多通用的DBMS都提供GIS扩展。只要涉及地理数据的处理，请务必使用提供GIS支持的数据库引擎，利用GIS的特性进行更为智能化的查询。GIS在日常生活中得到了广泛应用，如Google Maps或Waze[①]这样的GPS导航系统。

6.5 序列化格式

如何将数据存储在不同的数据库系统中，并保持数据的互操作性？例如，读者可能希望将数据备份或导出至其他系统。为此，必须对数据做**序列化**处理。在此过程中，数据根据某种编码格式进行转换，生成的文件可以被任何支持该编码格式的系统所识别。接下来，我们对数据序列化中常用的编码格式做一概述。

SQL（结构化查询语言）是序列化关系数据库时最常见的格式。我们编写一系列SQL命令来复制数据库及其所有细节。大部分关系数据库系统都提供“转储”与“恢复”命令，前者用于创建数据库的SQL序列化文件，后者用于将这类“转储文件”加载回数据库系统。

① 中文名“位智”，最初由以色列Waze Mobile公司开发，该公司于2013年被Google收购。Waze曾在2013年世界移动通信大会上荣获最佳综合应用奖。——译者注

XML（可扩展标记语言）是表示结构化数据的另一种方式，但不依赖于关系模型或某种数据库系统实现。XML 致力于实现不同计算系统之间的互操作性，并描述数据的结构与复杂性。不过某些人认为，开发 XML 的学者没有意识到 XML 并不实用。

JSON（JavaScript 对象表示法）是一种得到大部分人认可的序列化格式。对程序员而言，它能很直观地表示关系数据或非关系数据。JSON 还衍生出许多其他格式：BSON（二进制 JSON）能最大限度提高 JSON 的数据处理效率，而 JSON-LD（关联数据的 JSON）将 XML 结构的强大功能引入 JSON。

CSV（逗号分隔值）堪称数据交换的最简单形式。数据以文本形式存储，每行包含一个数据元素，元素属性通过逗号（或其他不在数据中出现的字符）隔开。CSV 有助于实现简单数据的转储，但不适合表示复杂数据。

6.6 小结

在数据库中构造信息对于有效利用数据至关重要，这一章对此做了详细论述，并介绍了构造信息的不同方式。关系模型将数据分解到表中，并通过关系将数据链接在一起。

大部分程序员仅了解关系模型的应用，但也应掌握利用非关系模型来构造数据。我们讨论了数据一致性，以及如何通过事务来缓解数据不一致造成的困扰；分布式数据库对数据库系统进行扩展，以便处理高负载。这一章对 GIS 做了介绍，并讨论了如何利用 GIS 提供的特性处理地理数据。此外，我们还展示了在不同应用程序之间交换数据的常用方法。

最后需要指出的是，除非出于实验目的，否则请选择一种广泛使用的 DBMS，以提高性能并减少出错的概率。不过数据库系统的选择不存在一种放之四海而皆准的方法，没有哪种 DBMS 能完美地适用于所有情况。完成这一章的学习后，读者应理解不同类型的 DBMS 及其特性，以便根据实际情况做出明智选择。

参考资料

- 《数据库系统概念》，Abraham Silberschatz 等著
- 《NoSQL 精粹》，Pramod Sadalage 等著
- 《分布式数据库系统原理》，M. Tamer Özsu 等著

第7章

计算机

任何技术，只要足够高深，都无法与魔法区分开来。

——亚瑟·克拉克[1]

为解决各种问题，人们发明了不计其数的机器。计算机种类繁多，从嵌入火星漫游机器人的计算机到为操纵核潜艇导航系统的计算机，不一而足。冯·诺伊曼在1945年提出第一种计算模型，无论笔记本电脑还是电话，几乎所有计算机都遵循与这种模型相同的工作原理。那么读者了解计算机是如何工作的吗？这一章将讨论以下内容：

- 理解计算机**体系结构**的基础知识
- 选择**编译器**将代码转换为计算机可以执行的指令
- 根据**存储器层次结构**提高数据的存储速度

毕竟，在非程序员看来，编程要像魔法一样神奇，我们程序员不会这么看。

7.1 体系结构

计算机是一种根据指令操作数据的机器，主要由处理器与存储器两部分组成。存储器又称RAM[2]，用于存储指令以及需要操作的数据。处理器又称CPU[3]，它从存储器获取指令与数据，并执行相应的计算。接下来，我们将讨论这两部分的工作原理。

① 亚瑟·克拉克（1917—2008），英国科幻小说家，与艾萨克·阿西莫夫和罗伯特·海因莱因并称为20世纪三大科幻小说家。克拉克著作等身，最知名的作品是《2001太空漫游》，他在科幻小说中做出的许多预测目前都已成为现实。——译者注

② 即随机存取存储器。

③ 即中央处理器。

7.1.1 存储器

存储器被划分为许多单元，每个单元存储少量数据，通过一个数字地址加以标识。在存储器中读取或写入数据时，每次对一个单元进行操作。为读写特定的存储单元，必须找到该单元的数字地址。

由于存储器是一种电气元件，单元地址作为二进制数①通过信号线传输。每条信号线传输一个比特，以高电压表示信号“1”，低电压表示信号“0”，如图 7-1 所示。

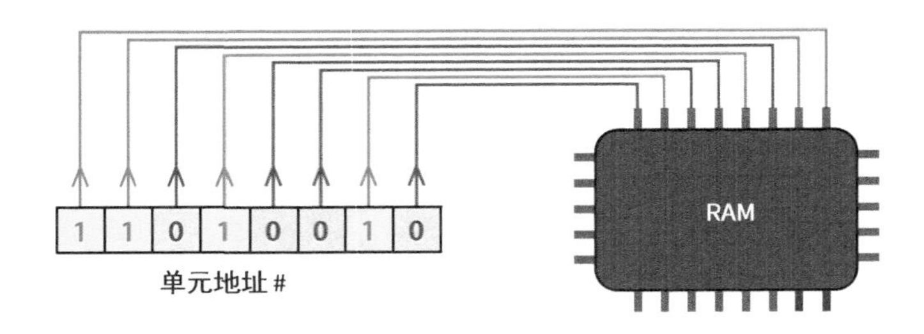

图 7-1 指示 RAM 对单元 210（11010010）进行操作

对于某个给定的单元地址，存储器可以进行两种操作：获取其值或存储新值，如图 7-2 所示。存储器包括一条用于设置操作模式的特殊信号线。

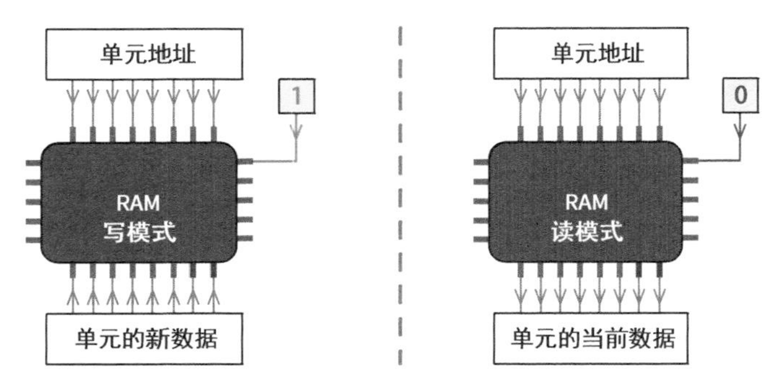

图 7-2 存储器包括读模式与写模式

① 二进制数以 2 为基数表示，其工作原理请参见附录。

每个存储单元通常存储一个 8 位二进制数，它称为**字节**。设置为“读”模式时，存储器检索保存在单元中的字节，并通过 8 条数据传输线输出，如图 7-3 所示。

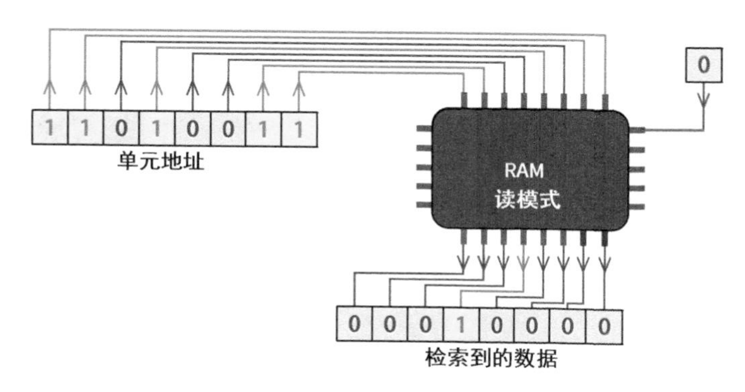

图 7-3　从存储地址 211 读取十进制数 16

设置为“写”模式时，存储器从数据传输线获取一个字节，并将其写入相应的单元，如图 7-4 所示。

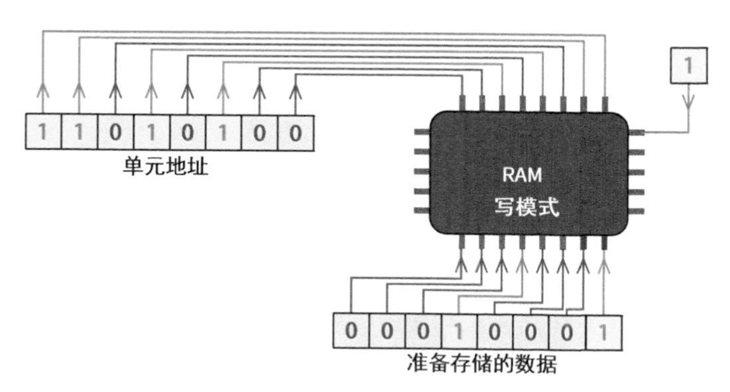

图 7-4　将十进制数 17 写入存储地址 212

传输相同数据的一组信号线称为**总线**。用于传输地址的 8 条信号线构成**地址总线**，用于在存储单元之间传输数据的另外 8 条信号线构成**数据总线**。地址总线是单向的（仅用于接收数据），而数据总线是双向的（用于发送和接收数据）。

在所有计算机中，CPU 与 RAM 无时无刻不在交换数据：CPU 不断从 RAM 获取指令与数据，偶尔也会将输出与部分计算存储在 RAM 中，如图 7-5 所示。

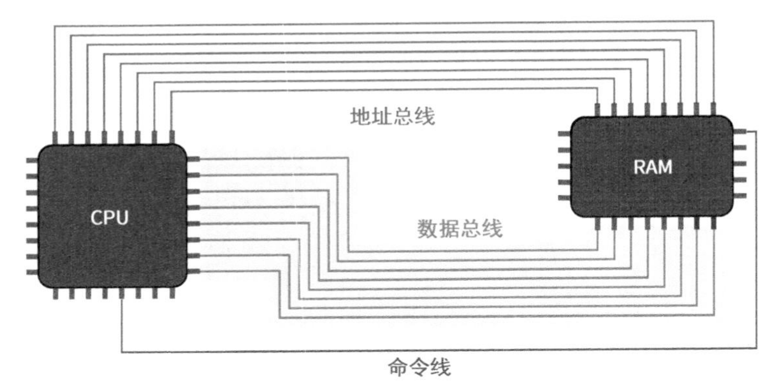

图 7-5 CPU 与 RAM 相连

7.1.2 CPU

CPU 包括若干称为**寄存器**的内部存储单元，它能对存储在这些寄存器中的数字执行简单的数学运算，也能在 RAM 与寄存器之间传输数据。可以指示 CPU 执行以下典型的操作：

- 将数据从存储位置 220 复制到寄存器 3；
- 将寄存器 3 与寄存器 1 中的数字相加。

CPU 可以执行的所有操作的集合称为**指令集**，指令集中的每项操作被分配一个数字。计算机代码本质上是表示 CPU 操作的数字序列，这些操作以数字的形式存储在 RAM 中。输入 / 输出数据、部分计算以及计算机代码都存储在 RAM 中。①

图 7-6 取自 Intel 4004 操作手册，显示了部分 CPU 指令映射为数字的方法。随着制造工艺的发展，CPU 支持的操作越来越多。现代 CPU 的指

① 通过在 RAM 中包含重写部分代码的指令，代码甚至可以对自身修改，这是计算机病毒逃避反病毒软件检测的惯用手法。与之类似，生物病毒通过改变自身的 DNA 以躲避宿主免疫系统的打击。

令集极为庞大，但最重要的指令在几十年前就已存在。

4004 Instruction Set

BASIC INSTRUCTIONS

MNEMONIC	OPR $D_3 D_2 D_1 D_0$	OPA $D_3 D_2 D_1 D_0$	DESCRIPTION OF OPERATION
NOP	0 0 0 0	0 0 0 0	No operation.
INC	0 1 1 0	R R R R	Increment contents of register RRRR.
ADD	1 0 0 0	R R R R	Add contents of register RRRR to accumulator with carry.
LD	1 0 1 0	R R R R	Load contents of register RRRR to accumulator.
LDM	1 1 0 1	D D D D	Load data DDDD to accumulator.
CLC	1 1 1 1	0 0 0 1	Clear carry.
IAC	1 1 1 1	0 0 1 0	Increment accumulator.
DAC	1 1 1 1	1 0 0 0	Decrement accumulator.

图 7-6 Intel 4004 数据表节选，显示了如何将操作映射为数字；1971 年面世的 Intel 4004 是全球第一代 CPU

CPU 的运行永无休止，它不断从存储器获取并执行指令。这个周期的核心是 PC 寄存器，PC 是“程序计数器”[①] 的简称。PC 是一种特殊的寄存器，用于保存下一条待执行指令的存储地址。CPU 的工作流程如下：

(1) 从 PC 指定的存储地址获取指令；

(2) PC 自增；

(3) 执行指令；

(4) 返回步骤 1。

PC 在 CPU 上电时复位为默认值，它是计算机中第一条待执行指令的地址。这条指令通常是一种不可变的内置程序，用于加载计算机的基本功能。[②]

CPU 上电后将继续执行这种“获取 – 执行”周期直至关机。然而，如果 CPU 只能遵循有序、顺序的操作列表，那么它与一个花哨的计算器并无二致。CPU 的神奇之处在于可以指示它向 PC 中写入新值，从而实现执行过程的分支，或“跳转”到存储器的其他位置。这种分支可以是有条件的。以下面这条 CPU 指令为例：“**如果寄存器 1 等于 0，将 PC 设置为地址 200**”。该指令相当于：

① 这里的 PC 是 program counter 的缩写，不要与“个人计算机”（personal computer）的缩写搞混。

② 在许多个人计算机中，这种程序称为 BIOS（基本输入输出系统）。

```
if x = 0
    compute_this()
else
    compute_that()
```

仅此而已。无论是打开网站、玩计算机游戏抑或编辑电子表格，所涉及的计算并无区别，都是一系列只能对存储器中的数据求和、比较或移动的简单操作。

大量简单的操作组合在一起，就能表达复杂的过程。以经典的《太空侵略者》游戏为例，其代码包括大约 3000 条机器指令。

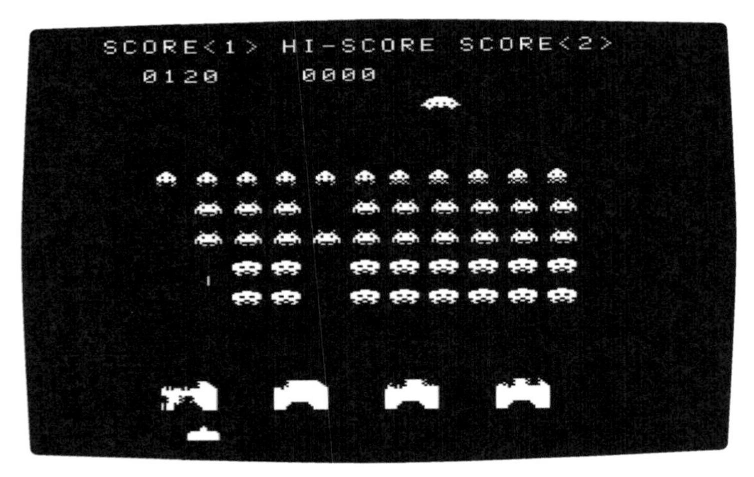

图 7-7 1978 年面世的《太空侵略者》经常被视为有史以来最具影响力的电子游戏

CPU 时钟 早在 20 世纪 80 年代，《太空侵略者》就已风靡一时。这个游戏在配备 2 MHz CPU 的街机上运行。“2 MHz”表示 CPU 的**时钟**，即 CPU 每秒可以执行的基本操作数。时钟频率为 200 万赫兹（2 MHz）的 CPU 每秒大约可以执行 200 万次基本操作。完成一条机器指令需要 5 到 10 次基本操作，因此老式街机每秒能运行数十万条机器指令。

随着现代科技的进步，普通的台式计算机与智能手机通常配备 2 GHz CPU，每秒可以执行数亿条机器指令。时至今日，多核 CPU 已投入大规模应用，如四核 2 GHz CPU 每秒能执行近 10 亿条机器指令。展望未来，CPU 配备的核心数量或许会越来越多。[①]

CPU 体系结构 读者是否思考过，PlayStation 的游戏 CD 为何无法在台式计算机中运行？iPhone 应用为何无法在 Mac 中运行？原因很简单，因为它们的 CPU 体系结构不同。

x86 体系结构如今已成为行业标准，因此相同的代码可以在大部分个人计算机中执行。但考虑到节电的要求，手机采用的 CPU 体系结构有所不同。不同的 CPU 体系结构意味着不同的 CPU 指令集，也意味着将指令编码为数字的方式各不相同。台式计算机 CPU 的指令并非手机 CPU 的有效指令，反之亦然。

32 位与 64 位体系结构 第一种 CPU 是 Intel 4004，它采用 4 位体系架构。换言之，这种 CPU 在一条机器指令中可以对最多 4 位二进制数执行求和、比较与移动操作。Intel 4004 的数据总线与地址总线均只有 4 条。

不久之后，8 位 CPU 开始广为流行，这种 CPU 用于运行 DOS[②] 的早期个人计算机。20 世纪八九十年代，著名的便携式游戏机 Game Boy 就采用 8 位处理器。这种 CPU 可以在一条指令中对 8 位二进制数进行操作。

技术的快速发展使 16 位以及之后的 32 位体系结构成为主导。CPU 寄存器随之增大，以容纳 32 位数字。更大的寄存器自然催生出更大的数据总线与地址总线：具有 32 条信号线的地址总线可以对 2^{32} 字节（4 GB）的内存进行寻址。

人们对计算能力的渴求从未停止。计算机程序越来越复杂，消耗的内存越来越多，4 GB 内存已无法满足需要。使用适合 32 位寄存器的数字地址对超过 4 GB 内存进行寻址颇为棘手，这成为 64 位体系结构兴起的动因，这种体系结构如今占据主导地位。64 位 CPU 可以在一条指令中对极大的数字进行操作，而 64 位寄存器将地址存储在海量的存储空间中：2^{64} 字节相当于超过 170 亿吉字节（GB）。

大端序与小端序 一些计算机设计师认为，应按从左至右的顺序在 RAM 与 CPU 中存储数字，这种模式称为小端序。另一些计算机设计师

---

① 2016 年，研究人员宣布推出一种包括 1000 个核心的 CPU。

② “磁盘操作系统”的缩写。稍后将讨论操作系统。

则倾向于按从右至左的顺序在存储器中写入数据，这种模式称为**大端序**。因此，根据“字节序”的不同，二进制序列 1-0-0-0-0-0-1-1 表示的数字也有所不同。

- 大端序：$2^7 + 2^1 + 2^0 = 131$
- 小端序：$2^0 + 2^6 + 2^7 = 193$

目前的大部分 CPU 采用小端序模式，但同样存在许多采用大端序模式的计算机。如果大端序 CPU 需要解释由小端序 CPU 产生的数据，则必须采取措施以免出现**字节序不匹配**。程序员直接对二进制数进行操作，在解析来自网络交换机的数据时尤其需要注意这个问题。虽然目前多数计算机采用小端序模式，但由于大部分早期的网络路由器使用大端序 CPU，所以因特网流量仍然以大端序为基础进行标准化。以小端序模式读取大端序数据时将出现乱码，反之亦然。

模拟器 某些情况下，需要在计算机上运行某些为不同 CPU 设计的代码，以便在没有 iPhone 的情况下测试 iPhone 应用，或玩脍炙人口的老式超级任天堂游戏。这是通过称为**模拟器**的软件来实现的。

模拟器用于模仿目标机器，它假定与其拥有相同的 CPU、RAM 以及其他硬件。模拟器程序对指令进行解码，并在模拟机器中执行。可以想见，如果两台机器的体系结构不同，那么在一台机器内部模拟另一台机器绝非易事。好在现代计算机的速度远远超过之前的机器，因此模拟并非无法实现。我们可以利用 Game Boy 模拟器在计算机中创建一个虚拟的 Game Boy，然后就能像使用实际的 Game Boy 那样玩游戏。

7.2 编译器

通过对计算机进行编程，可以完成核磁共振成像、声音识别、行星探索以及其他许多复杂的任务。值得注意的是，计算机执行的所有操作最终都要通过简单的 CPU 指令完成，即归结为对数字的求和与比较。而 Web 浏览器等复杂的计算机程序需要数百万乃至数十亿条这样的机器指令。

但我们很少会直接使用 CPU 指令来编写程序，也无法采用这种方式开发一个逼真的三维计算机游戏。为了以一种更“自然”且更紧凑的方式表达命令，人们创造了**编程语言**[①]。我们使用这些语言编写代码，然后通过一种称为**编译器**的程序将命令转换为 CPU 可以执行的机器指令。

我们用一个简单的数学类比来解释编译器的用途。假设我们向某人提问，要求他计算 5 的阶乘。

$$5! = ?$$

但如果回答者不了解什么是阶乘，则这样提问并无意义。我们必须采用更简单的操作来重新表述问题。

$$5 \times 4 \times 3 \times 2 \times 1 = ?$$

不过，如果回答者只会做加法怎么办？我们必须进一步简化问题的表述。

$$5 + 5 + 5 + 5 + 5 + 5 + 5 + 5 + 5 + 5 + 5 + 5 + 5 +$$
$$5 + 5 + 5 + 5 + 5 + 5 + 5 + 5 + 5 + 5 + 5 = ?$$

可以看到，表达计算的形式越简单，所需的操作数量越多。计算机代码同样如此。编译器将编程语言中的复杂指令转换为等效的 CPU 指令。结合功能强大的外部库，就能通过相对较少的几行代码表示包含数十亿条 CPU 指令的复杂程序，而这些代码易于理解和修改。

计算机之父艾伦·图灵发现，简单的机器有能力计算**任何**可计算的事物。如果机器具有通用的计算能力，那么它必须能遵循包含指令的程序，以便：

- 对存储器中的数据进行读写；
- 执行条件分支：如果存储地址具有给定的值，则跳转到程序的另一个点。

我们称具有这种通用计算能力的机器是**图灵完备**的。无论计算的复杂性或难度如何，都可以采用简单的读取 / 写入 / 分支指令来表达。只要分

① 第 8 章将讨论更多与编程语言有关的内容。

配足够的时间与存储空间，这些指令就能计算任何事物。

图 7-8 “图灵完备”（取自 http://geek-and-poke.com/）

人们最近发现，一种称为 MOV（数据传送）的 CPU 指令是图灵完备[①]的。这意味着仅能执行 MOV 指令的 CPU 与完整的 CPU 在功能上并无不同：换言之，通过 MOV 指令可以严格地表达任何类型的代码。[②]

---

① 剑桥大学的 Stephen Dolan 对此做了证明，感兴趣的读者可以阅读他的论文：http://www.cl.cam.ac.uk/%7Esd601/papers/mov.pdf。——译者注

② 一种编译器可以将任何 C 代码编译为仅支持 MOV 指令的二进制代码：https://github.com/xoreaxeaxeax/movfuscator。

这个重要概念在于，无论简单与否，如果程序能采用编程语言进行编码，就可以重写后在任何图灵完备的机器中运行。编译器是一种神奇的程序，能自动将代码从复杂的语言转换为简单的语言。

7.2.1 操作系统

从本质上讲，编译后的计算机程序是 CPU 指令的序列。如前所述，为台式计算机编译的代码无法在智能手机中运行，因为二者采用不同的 CPU 体系结构。不过，由于程序必须与计算机的**操作系统**通信才能运行，编译后的程序也可能无法在共享相同 CPU 架构的两台计算机中使用。

为实现与外界的通信，程序必须进行输入与输出操作，如打开文件、在屏幕上显示消息、打开网络连接等。但不同的计算机采用不同的硬件，因此程序不可能直接支持所有不同类型的屏幕、声卡或网卡。

这就是程序依赖于操作系统执行的原因所在。借助操作系统的帮助，程序可以毫不费力地使用不同的硬件。程序创建特殊的**系统调用**，请求操作系统执行所需的输入 / 输出操作。编译器负责将输入 / 输出命令转换为合适的系统调用。

然而，不同的操作系统往往使用互不兼容的系统调用。例如，与 macOS 或 Linux 相比，Windows 在屏幕上打印信息所用的系统调用有所不同。

因此，在使用 x86 处理器的 Windows 中编译的程序，无法在使用 x86 处理器的 Mac 中运行。除针对特定的 CPU 体系结构外，编译后的代码还会针对特定的操作系统。

7.2.2 编译优化

优秀的编译器致力于优化它们生成的机器码。如果编译器认为可以通过修改部分代码来提高执行效率，则会处理。在生成二进制输出之前，编译器可能尝试应用数百条优化规则。

因此，应使代码易于阅读以利于进行微优化。编译器最终将完成所有细微的优化。例如，一些人对以下代码颇有微词。

```
function factorial(n)
    if n > 1
        return factorial(n - 1) * n
    else
        return 1
```

他们认为应该进行以下修改：

```
function factorial(n)
    result ← 1
    while n > 1
        result ← result * n
        n ← n - 1
    return result
```

诚然，在不使用递归的情况下执行 factorial 函数将消耗较少的计算资源，但仍然没有理由因此而改变代码。现代编译器将自动重写简单的递归函数，举例如下。

```
i ←  x + y + 1
j ←  x + y
```

为避免进行两次 x+y 计算，编译器将上述代码重写为：

```
t1 ←  x + y
i ←  t1 + 1
j ←  t1
```

应专注于编写清晰且自解释的代码。如果性能出现问题，可以利用分析工具寻找代码中的瓶颈，并尝试改用更好的方法计算存在问题的代码。此外，避免在不必要的微操作上浪费太多时间。

但在某些情况下，我们希望跳过编译，接下来将对此进行讨论。

7.2.3　脚本语言

某些语言在执行时并未被直接编译为机器码，这些语言称为**脚本语言**，包括 JavaScript、Python 以及 Ruby。在脚本语言中，代码由解释器而非 CPU 执行，解释器必须安装在运行代码的机器中。

解释器实时转译并执行代码，因此其运行速度通常比编译后的代码慢得多。但另一方面，程序员随时都能立即运行代码而无须等待编译过程。

对于规模极大的项目，编译可能耗时数小时之久。

Google 工程师必须不断编译大量代码，导致程序员“损失”了很多时间（图 7-9）。由于需要保证编译后的二进制文件有更好的性能，Google 无法切换到脚本语言。公司为此开发了 Go 语言，它的编译速度极快，同时仍然保持很高的性能。

图 7-9 “编译”

7.2.4 反汇编与逆向工程

给定一个已编译的计算机程序，无法在编译之前恢复其源代码。[①] 但我们可以对二进制程序解码，将用于编码 CPU 指令的数字转换为人类可读的指令序列。这个过程称为反汇编。

接下来，可以查看这些 CPU 指令，并尝试分析它们的用途，这就是所谓的逆向工程。某些反汇编程序对这一过程大有裨益，它们能自动检测并注释系统调用与常用函数。借由反汇编工具，黑客对二进制代码的各

① 至少目前如此。但随着人工智能的发展，今后或许会实现。

个环节了如指掌。我相信，许多顶尖的 IT 公司都设有秘密的逆向工程实验室，以便研究竞争对手的软件。

地下黑客经常分析 Windows、Photoshop、《侠盗猎车手》等授权程序中的二进制代码，以确定哪部分代码负责验证软件许可证。黑客将二进制代码修改，在其中加入一条指令，直接跳转到验证许可证后执行的代码部分。运行修改后的二进制代码时，它在检查许可证前获取注入的 JUMP 命令，从而可以在没有付费的情况下运行非法的盗版副本。

在秘密的政府情报机构中，同样设有供安全研究人员与工程师研究 iOS、Windows、IE 浏览器等流行消费者软件的实验室。他们寻找这些程序中可能存在的安全漏洞，以防御网络攻击或对高价值目标的入侵。在这类攻击中，最知名的当属“震网”病毒，它是美国与以色列情报机构研制的一种网络武器。通过感染控制地下聚变反应堆的计算机，“震网”延缓了伊朗核计划。[①]

7.2.5 开源软件

如前所述，我们可以根据二进制可执行文件分析有关程序的原始指令，但无法恢复用于生成二进制文件的原始源代码。

在没有原始源代码的情况下，即使可以稍许修改二进制文件以便以较小的方式破解，实际上也无法对程序进行任何重大更改（如添加新功能）。一些人推崇协作构建代码的方式，因此将自己的源代码开放供他人修改。“开源”的主要概念就在于此：所有人都能自由使用与修改的软件。基于 Linux 的操作系统（如 Ubuntu、Fedora 与 Debian）是开源的，而 Windows 与 macOS 是闭源的。

开源操作系统的一个有趣之处在于，任何人都可以检查源代码以寻找安全漏洞。现已证实，政府机构通过日常消费者软件中未修补的安全漏洞，对数百万平民进行利用和监视。

① “震网”病毒于 2010 年 6 月被首次发现，相关计划代号为“奥运会”。2016 年 2 月上映的纪录片《零日》详细描述了“震网”攻击伊朗核设施这一事件。——译者注

但对开源软件而言，代码受到的关注度更高，因此恶意的第三方与政府机构很难植入监控后门程序。使用 macOS 或 Windows 时，用户必须相信 Apple 或 Microsoft 对自己的安全不会构成危害，并尽最大努力防止任何严重的安全漏洞。而开源系统置于公众的监督之下，因此安全漏洞被忽视的可能性大为降低。

7.3　存储器层次结构

我们知道，计算机的操作可以归结为使 CPU 执行简单的指令，这些指令只能对存储在 CPU 寄存器中的数据操作。但寄存器的存储空间通常被限制在 1000 字节以内，这意味着 CPU 寄存器与 RAM 之间必须不断进行数据传输。

如果存储器访问速度过慢，CPU 将被迫处于空闲状态，以等待 RAM 完成数据传输。CPU 读写存储器中数据所需的时间与计算机性能直接相关。提高存储器速度有助于加快计算机运行，也可以提高 CPU 访问数据的速度。CPU 能以近乎实时的速度（一个周期以内）[①] 访问存储在寄存器中的数据，但访问 RAM 则慢得多。

7.3.1　处理器与存储器之间的鸿沟

近年来的技术发展使得 CPU 速度成倍增长。虽然存储器速度同样有所提高，但却慢得多。CPU 与 RAM 之间的这种性能差距称为“处理器与存储器之间的鸿沟”。我们可以执行大量 CPU 指令，因此它们很“廉价”；而从 RAM 获取数据所需的时间较长，因此它们很“昂贵”。随着两者之间的差距逐渐增大，提高存储器访问效率的重要性越发明显。

① 对于时钟频率为 1 GHz 的 CPU，一个周期的持续时间约为十亿分之一秒，这是光线从本书进入读者眼中所需的时间。

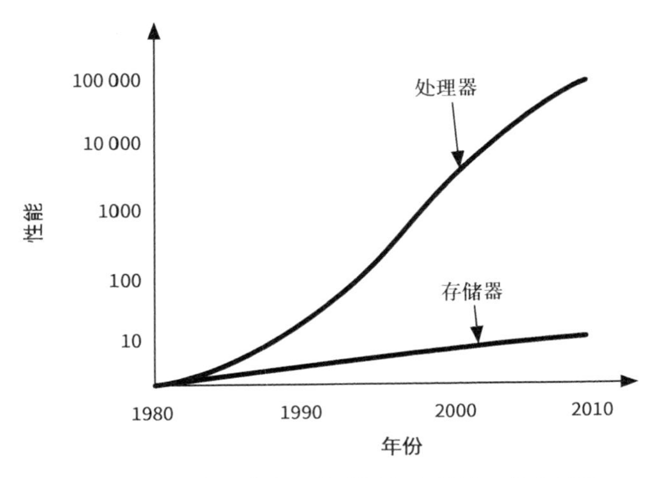

图 7-10 过去几十年中处理器与存储器之间的鸿沟

现代计算机需要大约 1000 个 CPU 周期（1 微秒左右）[①] 从 RAM 获取数据。这种速度已很惊人，但与访问 CPU 寄存器的时间相比仍然较慢。减少计算所需的 RAM 操作次数，是计算机科学家追求的目标。

7.3.2 时间局部性与空间局部性

在尝试尽量减少对 RAM 的访问时，计算机科学家开始注意到两个事实。

- **时间局部性**：访问某个存储地址时，可能很快会再次访问该地址。
- **空间局部性**：访问某个存储地址时，可能很快会访问与之相邻的地址。

因此，将这些存储地址保存在 CPU 寄存器中，有助于避免大部分对 RAM 的“昂贵”操作。不过在设计 CPU 芯片时，工业工程师并未找到可行的方法来容纳足够多的内部寄存器，但他们仍然发现了如何有效地利用时间局部性与空间局部性。接下来将对此进行讨论。

① 在两个面对面的人之间，声波传播需要大约 10 微秒。

7.3.3 一级缓存

可以构建一种集成在 CPU 内部且速度极快的辅助存储器，这就是一级缓存。将数据从一级缓存读入寄存器，仅比直接从寄存器获取数据稍慢。

利用一级缓存，我们将可能访问的存储地址中的内容复制到 CPU 寄存器附近，借此以极快的速度将数据载入 CPU 寄存器。将数据从一级缓存读入寄存器仅需大约 10 个 CPU 周期，速度是从 RAM 获取数据的近百倍。

借由 10 KB 左右的一级缓存，并合理利用时间局部性与空间局部性，超过一半的 RAM 访问调用仅通过缓存就能实现。这一创新使计算技术发生了翻天覆地的变化。一级缓存可以极大缩短 CPU 的等待时间，使 CPU 将更多时间用于实际计算而非处于空闲状态。

7.3.4 二级缓存

提高一级缓存的容量有助于减少从 RAM 获取数据的操作，进而缩短 CPU 的等待时间。但是，增大一级缓存的同时也会降低它的速度。在一级缓存达到 50 KB 左右时，继续增加其容量就要付出极高的成本。更好的方案是构建一种称为**二级缓存**的缓存。二级缓存的速度稍慢，但容量比一级缓存大得多。现代 CPU 配备的二级缓存约为 200 KB，将数据从二级缓存读入 CPU 寄存器需要大约 100 个 CPU 周期。

我们将最有可能访问的地址复制到一级缓存，较有可能访问的地址复制到二级缓存。如果 CPU 没有在一级缓存中找到某个存储地址，仍然可以尝试在二级缓存中搜索。仅当该地址既不在一级缓存、也不在二级缓存中时，CPU 才需要访问 RAM。

目前，不少制造商推出了配备三级缓存的处理器。三级缓存的容量比二级缓存大，虽然速度不及二级缓存，但仍然比 RAM 快得多。一级 / 二级 / 三级缓存非常重要，它们占据了 CPU 芯片内部的大部分硅片空间。见图 7-11。

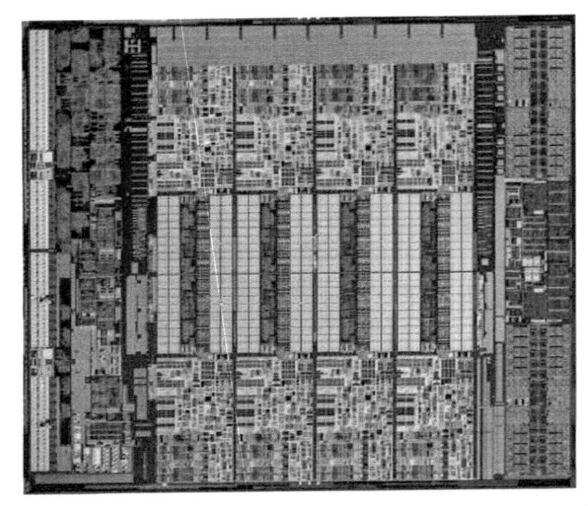

图 7-11 显微镜下的 Intel Haswell-E 处理器：中央的方形结构是容量为 20 MB 的三级缓存

使用一级 / 二级 / 三级缓存能显著提高计算机的性能。在配备 200 KB 的二级缓存后，CPU 发出的存储请求中仅有不到 10% 必须直接从 RAM 获取。

读者今后购买计算机时，对于所挑选的 CPU，请记住比较一级 / 二级 / 三级缓存的容量。CPU 越好，缓存越大。一般来说，建议选择一款时钟频率稍低但缓存容量较大的 CPU。

7.3.5 第一级存储器与第二级存储器

如前所述，计算机配有不同类型的存储器，它们按层次结构排列。性能最好的存储器容量有限且成本极高。沿层次结构向下，可用的存储空间越来越多，但访问速度越来越慢。

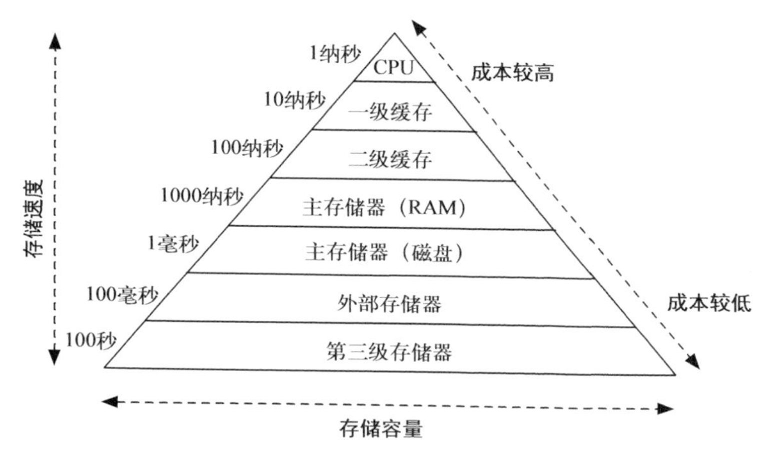

图 7-12 存储器层次结构示意图

在存储器层次结构中，位于 CPU 寄存器与缓存之下的是 RAM，它负责存储当前运行的所有进程的数据与代码。截至 2017 年，计算机配备的 RAM 容量通常为 1 GB 到 10 GB。但在许多情况下，RAM 可能无法满足操作系统以及所有运行程序的需要。

因此，我们必须深入探究存储器层次结构，使用位于 RAM 之下的**硬盘**。截至 2017 年，计算机配备的硬盘容量通常为数百吉字节，足以容纳当前运行的所有程序数据。如果 RAM 已满，当前的空闲数据将被移至硬盘以释放部分内存空间。

问题在于，硬盘的速度非常慢，它一般需要 100 万个 CPU 周期（1 毫秒）[①] 在磁盘与 RAM 之间传输数据。从磁盘访问数据看似很快，但不要忘记，访问 RAM 仅需 1000 个周期，而访问磁盘需要 100 万个周期。RAM 通常称为**第一级存储器**，而存储程序与数据的磁盘称为**第二级存储器**。

CPU 无法直接访问第二级存储器。执行保存在第二级存储器中的程序之前，必须将其复制到第一级存储器。实际上，每次启动计算机时，即便是操作系统也要从磁盘复制到 RAM，否则 CPU 无法运行。

① 标准照片在大约 4 毫秒内捕捉光线。

确保 RAM 永不枯竭 在典型活动期间，确保计算机处理的所有数据与程序都能载入 RAM 至关重要，否则计算机将不断在磁盘与 RAM 之间交换数据。由于这项操作的速度极慢，计算机性能将严重下降，甚至无法使用。这种情况下，计算机不得不花费更多时间等待数据传输，而无法进行实际的计算。

当计算机不断将数据从磁盘读入 RAM 时，则称计算机处于**抖动模式**。必须对服务器进行持续监控，如果服务器开始处理无法载入 RAM 的数据，那么抖动可能会导致整个服务器崩溃。银行或收银机前将因此排起长队，而服务员除了责怪发生抖动的计算机系统之外别无他法。内存不足或许是导致服务器故障的主要原因之一。

7.3.6 外部存储器与第三级存储器

我们继续沿存储器层次结构向下分析。在连接到网络之后，计算机就能访问由其他计算机管理的存储器。它们要么位于本地网络，要么位于因特网（即云端）。但访问这些数据所需的时间更长：读取本地磁盘需要 1 毫秒，而获取网络中的数据可能耗时数百毫秒。网络包从一台计算机传输到另一台计算机大约需要 10 毫秒，如果经由因特网传输则需要 200 毫秒到 300 毫秒，与眨眼的时间相仿。

位于存储器层次结构底部的是**第三级存储器**，这种存储设备并非总是在线与可用的。在盒式磁带或 CD 中存储数百万吉字节的数据成本较低，但访问这类介质中的数据时，需要将介质插入某种读取设备，这可能需要数分钟甚至数天之久（不妨尝试让 IT 部门在周五晚上备份磁带中的数据……）。有鉴于此，第三级存储器仅适合归档很少访问的数据。

7.3.7 存储技术的发展趋势

一方面，很难显著改进“快速”存储器（位于存储器层次结构顶端）所用的技术；另一方面，“慢速”存储器的速度越来越快，价格也越来越低。几十年来，硬盘存储的成本一直在下降，这种趋势似乎还将持续下去。

新技术也使磁盘的速度得以提高。人们正从旋转磁盘转向**固态硬盘**（SSD），它没有动件，因而更快、更可靠且更省电。

采用 SSD 技术的磁盘正变得越来越便宜且越来越快，但其价格仍然不菲。有鉴于此，一些制造商推出了同时采用 SSD 与磁技术的混合磁盘。后者将访问频率较高的数据存储在 SSD 中，访问频率较低的数据存储在速度较慢的磁盘中。当需要频繁访问原先不经常访问的数据时，则将其复制到混合驱动器中速度较快的 SSD。这与 CPU 利用内部缓存提高 RAM 访问速度的技巧颇为类似。

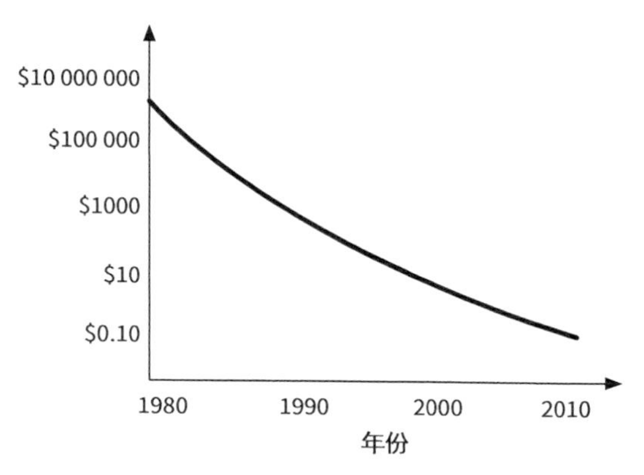

图 7-13 每吉字节（GB）的磁盘存储成本

7.4 小结

这一章介绍了一些基本的计算机工作原理。任何可计算的事物都能采用简单的指令来表示。为将复杂的计算命令转换为 CPU 可以执行的简单指令，需要使用一种称为编译器的程序。计算机之所以能进行复杂计算，仅仅是因为 CPU 可以执行大量基本操作。

计算机的处理器速度很快，但存储器相对较慢。CPU 并非以随机方式访问存储器，而是遵循空间局部性与时间局部性原理。因此，可以将访问频率较高的数据缓存在速度更快的存储器中。这一原则在多个级别的缓存中得到了应用：从一级缓存直到第三级存储器，不一而足。

这一章讨论的缓存原则可以应用于多种场景。确定应用程序频繁使用的数据，并设法提高这部分数据的访问速度，是缩短计算机程序运行时间的最常用策略之一。

参考资料

- 《计算机组成：结构化方法》，Andrew S. Tanenbaum 等著
- 《现代编译原理：C 语言描述》[1]，Andrew W. Appel 等著

① 该书修订版已由人民邮电出版社出版，详见 http://www.ituring.com.cn/book/1984。——编者注

第8章

程序设计

> 如果有人表示"我希望有一种编程语言，只要说出我的目标，它就能帮我实现"，那么还是给他一个棒棒糖吧。
>
> ——艾伦·佩利[①]

我们希望自己的思想能被计算机理解，所以采用编程语言来表达我们的命令，因为它是一种机器可以理解的语言。要么聘用一位程序员，要么置身于科幻电影之中，否则我们无法仅用"莎士比亚式"英语告诉计算机该做什么。目前，只有程序员能随心所欲地驾驭计算机。而随着对编程语言的理解日益深入，读者作为程序员的水平也会随之提高。这一章将讨论以下内容：

- 秘 找出控制代码的秘密语言学
- x 使用变量存储宝贵的信息
- 在不同的范式下思考解决方案

这一章不会涉及计算机科学中的句法和语法形式。放松一下，继续阅读！

8.1 语言学

虽然编程语言千差万别，但它们存在的目的都是为了操作信息。编程语言依靠 3 种基本的构建模块来实现这一点：**值**表示信息，**表达式**产生值，**语句**使用值向计算机发出指令。

① 艾伦·佩利（1922—1990），美国计算机科学家，曾在普渡大学、卡内基理工学院、耶鲁大学、加州理工学院等高校任教，为美国培养了大批计算机科学人才。由于在高级程序设计技术与编译器构造方面的贡献，佩利于 1966 年获得首届图灵奖。——译者注

8.1.1 值

值可以编码的信息类型因语言而异。在最基本的语言中，值仅能编码整数或浮点数[①]这类非常简单的信息。随着语言越来越复杂，字符（以及后来的字符串）也开始作为值进行处理。C 语言支持创建结构体，以便对其他值组构成的值进行定义。例如，我们可以创建一个名为 `coordinate` 的值类型，它包括纬度与经度两个浮点数。

值的重要性毋庸置疑，因此又被称为编程语言的“头等公民”。换言之，编程语言支持与值有关的各种操作：值可以在运行时创建，也可以作为参数传递给函数并由函数返回。

8.1.2 表达式

可以通过编写**字面量**或调用**函数**两种方式创建值。下面就是一个字面量表达式。

```
3
```

我们仅通过编写 3 就创建了一个值 3——非常简单。其他类型的值也可以作为字面量创建。在大部分编程语言中，输入 `"hello world"` 就能创建字符串值 hello world。函数则有所不同，它根据在其他位置进行编码的方法或过程来生成值，例如：

```
getPacificTime()
```

上述表达式创建了一个与洛杉矶当前时间相等的值。如果当前时间为凌晨 4 点，则方法将返回 4。

运算符是所有编程语言包含的另一种基本元素，它将简单的表达式连接起来以构成更复杂的表达式。例如，可以通过 + 运算符创建一个与纽约时间相等的值。

① 浮点数通常用于表示带有小数的数字。

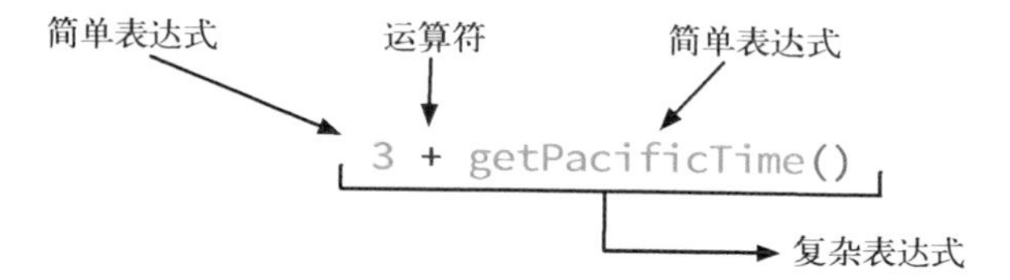

如果洛杉矶时间为凌晨 4 点，则上述表达式将简化为 7。实际上，计算机将用户编写的任何表达式简化为单个值。较大的表达式通过运算符与其他表达式相结合，从而构成更大的表达式。即便是最复杂的表达式，最终也归结为对单个值的求值。

除字面量、运算符与函数之外，表达式也可以包含括号以控制运算符优先级。例如，表达式 $(2 + 4)^2$ 计算为 6^2，最终结果为 36；而表达式 $2 + 4^2$ 计算为 2 + 16，最终结果为 18。

8.1.3 语句

表达式用于表示值，而语句用于指示计算机执行某种操作。例如，`print("hello world")` 语句将打印 hello world 消息。

图 8-1 “Hello World”（取自 http://geek-and-poke.com/）

更复杂的语句包括 `if`、`while` 以及 `for`，不同的编程语言支持不同类型的语句。

定义　某些编程语言提供称为**定义**的特殊语句，它通过添加不存在的实体（如新的值或函数）[①] 来改变程序状态。为引用所定义的实体，需要将名称与实体关联起来，这就是所谓的**名称绑定**。例如，名称 `getPacificTime` 必须与某个位置的函数定义相互绑定。

8.2　变量

变量是最重要的名称绑定，即名称与值之间的绑定。变量将名称与保存值的存储地址关联在一起，作为“别名”使用。一般通过赋值运算符来创建变量。在本书第 1 章讨论的伪代码中，赋值运算符写作←。

```
pi ← 3.142
```

而大部分编程语言将赋值运算符写作 =。某些语言甚至要求在定义名称之前将其**声明**为变量，最终结果如下。

```
var pi
pi = 3.142
```

上述语句保留一个内存块，在其中写入值 3.142，并将变量名 `pi` 与内存块地址关联在一起。

8.2.1　变量类型

在大部分编程语言中，必须为变量指定一种类型（如整数、浮点数或字符串），以便程序了解如何解释在变量内存块中读取的 1 和 0，也有助于在处理变量时发现错误。如果一个变量为字符串类型，另一个变量为整数类型，那么对二者求和并无意义。

类型检查包括静态与动态两种方式。静态类型检查要求程序员在使用所有变量前声明它们的类型，以 C 与 C++ 等编程语言为例。

---

① 某些情况下，可以从预编码的外部库导入实体。

```
float pi;
pi = 3.142;
```

根据上述语句的声明，名为 pi 的变量只能存储表示浮点数的数据。静态类型语言可以在编译代码时应用其他优化，甚至在执行代码前检测潜在的错误。不过，每次使用变量前都要进行类型声明或许有些乏味。

某些语言倾向于使用动态类型检查。这种情况下，任何变量可以存储任何类型的值，因此无须进行类型声明。但在代码执行阶段，程序在处理变量时将实施额外的类型检查，以确保变量之间的操作不会出现问题。

8.2.2 变量作用域

如果所有名称绑定在程序的所有点都是可用且有效的，那么程序设计将变得极其困难。随着程序越来越大，相同的变量名（如 time、length 或 speed）最终可能会出现在无关的代码块中。

例如，用户由于疏忽在程序的两个点都定义了一个名为 length 的变量，那么就会出现问题。更糟糕的是，如果再导入一个同样使用 length 变量的库，则用户代码与导入代码中的 length 变量将发生冲突。

为避免冲突，名称绑定对整个源代码无效。变量的**作用域**定义了变量的有效位置以及可供使用的范围。根据大部分语言的设置，变量仅在定义它的函数内部有效。

在程序的某个给定点，当前的**上下文**（或称**环境**）表示所有可用名称绑定的集合。一般来说，执行流离开某个上下文后，定义在该上下文中的变量将被立即删除并从计算机内存中释放。虽然不建议这样处理，但用户也可以绕开上述规则，创建在程序**任何位置**都能访问的变量，即**全局变量**。

命名空间构成了所有全局可用的名称的集合。用户应密切关注程序的命名空间，并使命名空间尽可能小。如果命名空间很大，发生名称冲突的可能性也会增加。

向程序的命名空间添加名称时，应最大限度减少所添加的名称数量。例如，在导入外部模块时，只加入准备使用的函数名。好的模块不应要求用户为命名空间添加过多的内容，加入不必要的名称会导致**命名空间污染**。

8.3 范式

范式是定义科学领域的概念与实践的特定集合，它对处理问题的方法、使用的技术以及解决方案的结构提出指导性方针。例如，牛顿学派与相对论学派是物理学的两种不同范式。

无论程序设计还是物理学，处理问题的方法完全取决于我们所考虑的范式。**编程范式**体现了程序设计领域的观点，它将指导用户的编程风格与技术。

我们可以在程序中使用一种或多种范式，但使用哪种编程语言，最好就使用该语言所基于的范式。20 世纪 40 年代出现的第一代计算机需要手动编程，通过拨动开关将 1 和 0 载入计算机内存。程序设计一直在不断发展，范式的出现使人们能编写更高效、更复杂、更快速的代码。

存在 3 种主要的编程范式，它们是命令式编程、声明式编程与逻辑编程。遗憾的是，大多数程序员仅了解第一种范式的正确用法。掌握全部 3 种范式至关重要，这有助于从每种编程语言提供的特性与机会中获益，从而最大限度提高编程效率。

8.3.1 命令式编程

命令式编程范式通过特定的命令指示计算机在每一步必须执行的操作。每条命令都会改变计算机的状态，构成程序的命令序列将依次执行。

这是第一种编程范式，因为它是计算机工作方式的自然延伸。计算总是通过一条接一条执行的 CPU 指令完成。每种计算机程序最终都由遵循这种范式的计算机所执行。

命令式编程是迄今为止最为人所熟知的范式。实际上，许多程序员仅熟悉这种范式。它也是人类工作方式的自然延伸：我们采用这种范式描述烹饪食谱、汽车修理程序以及其他日常流程。程序员对单调的工作感到厌倦时，就会将这些指令编写为程序并交由计算机执行。程序员的懒惰催生出许多重要的事物。

图 8-2　“一般性问题”（取自 https://xkcd.com/）

机器码编程　早期的程序员不得不使用 1 和 0 手动将代码输入计算机。他们对此感到厌倦，认为使用助记符编写 CPU 指令序列更为有趣，如 CP 代表“复制”指令，MOV 代表“移动”指令，CMP 代表“比较”指令，不一而足。程序员后来编写了一种程序，可以将助记码转换为等效的二进制数，再交由计算机执行。汇编语言由此诞生。

使用这种助记符编写的程序，其可读性要远远高于等效的 1 和 0。这些早期的助记符以及这种编程风格至今仍在广泛使用。现代 CPU 支持的指令越来越复杂，人们也创造了更多的助记符，但基本原理并未改变。

汇编语言用于对电子微波、车载计算机这类系统进行编程。这种编程风格同样适用于要求极致性能、哪怕节省少许 CPU 周期也具有重要意义的代码段。

设想我们在优化一台高性能 Web 服务器时遇到了严重的瓶颈，那么不妨将这个瓶颈转换为汇编代码并进行检查。很多情况下，我们可以修改代码以减少所用的指令。低级语言有时支持在编程语言的普通代码中插入机器语言，从而实现这种精细优化。借由机器码，用户可以绝对控制代码运行时 CPU 实际执行的操作。

结构化编程　程序起初通过 GOTO 命令来控制执行流，可以使执行跳转到代码的其他部分。但随着程序越来越复杂，理解程序用途变得几无可能。不同的执行流与 GOTO 和 JUMP 命令交织在一起，形成所谓的**面条式代码**[①]。戴克斯特拉于 1968 年发表了著名的“GOTO 有害论”[②]，由此引发了一场革命。代码开始按逻辑进行划分；程序员不再使用专门的 GOTO 语句，而代之以控制结构（if、else、while、for 等），程序由此变得更容易编写和调试。

过程式编程　过程式编程是程序设计艺术发展的下一个阶段，它将代码组织到**过程**中，在避免代码重复的同时也提高了代码的可重用性。例如，我们可以创建一个将公制单位转换为美式英制单位的函数，然后调用这个函数，从而在需要时重用相同的代码。这使得结构化编程的效率进一步提高。利用过程更容易对相关代码分组，将它们划分为不同的逻辑部分。

8.3.2　声明式编程

声明式编程范式旨在声明所需的结果，而不必处理每一个复杂的步骤。这种范式声明的是希望实现**哪些**目标，而非**如何**实现目标，程序由此变得更短、更简单也更容易阅读。

函数式编程　在函数式编程范式中，函数不仅仅是过程。它们用于声明两个或多个元素之间的关系，类似于数学方程。在这种范式中，函数是“头等公民”，与其他基本数据类型（如字符串和数字）的处理方式并无二致。

函数既可以传入其他函数作为参数，也可以返回其他函数作为输出。具备这些特性的函数因其较强的表达能力而被称为**高阶函数**。函数式范式的这些元素被许多主流编程语言纳入其中，条件允许时应充分利用它们不凡的表达能力。

例如，大部分函数式编程语言都提供一个通用的 sort 函数，可以对任

① 如果希望诅咒其他用户的源代码，就叫它“面条式代码”吧。

② 即 Go To Statement Considered Harmful，发表于 1968 年 3 月的《ACM 通讯》。“被认为有害”也因此成为计算机科学与其他学科中经常使用的一个词汇。——译者注

何元素序列排序。sort 函数传入另一个函数作为输入，该函数定义了在排序过程中如何比较各个元素。假设 coordinates 函数包含一个地理位置列表；给定两个位置时，closer_to_home 函数将返回离家更近的位置。那么，我们可以根据离家的远近对位置列表排序。

```
sort(coordinates, closer_to_home)
```

高阶函数通常用于筛选数据。函数式编程语言也提供一个通用的 filter 函数，它传入需要筛选的一组元素，以及指定是否筛选每个元素的筛选函数。例如，为从列表中筛掉偶数，可以进行如下定义。

```
odd_numbers ← filter(numbers, number_is_odd)
```

number_is_odd 函数传入一个数字作为参数，如果数字是奇数则返回 True，否则返回 False。

在程序设计中，经常需要对列表的所有元素应用一个特殊函数，函数式编程将其称为**映射**。为此，编程语言通常会提供一个内置的 map 函数。以计算列表中每个数字的平方数为例。

```
squared_numbers ← map(numbers, square)
```

square 函数将返回给定数字的平方数。由于映射与筛选操作的应用非常频繁，许多编程语言支持以更简单的形式编写这些表达式。以 Python 为例，我们可以采用以下方式计算列表中的平方数。

```
squared_numbers = [x**2 for x in numbers]
```

这就是所谓的**语法糖**，它是在语言中添加的语法，支持以更简短的方式编写表达式。不少编程语言都提供多种形式的语法糖，值得好好利用。

最后，如果需要在处理值的列表时产生单个结果，可以使用 reduce 函数，它传入列表、初始值、归约函数作为输入。初始值将创建一个“累加器”变量，它将在返回之前由 reduce 函数更新列表中的每个元素。

```
function reduce(list, initial_val, func)
    accumulator ← initial_val
    for item in list
        accumulator ← func(accumulator, item)
    return accumulator
```

例如，可以通过 reduce 函数对列表元素求和。

```
sum ← function(a, b): a + b
summed_numbers ← reduce(numbers, 0, sum)
```

使用 reduce 函数有助于简化代码并提高其可读性。又如，sentences 是一个句子列表，如果希望计算这些句子中的单词总数，可以这样处理：

```
wsum ← function(a, b): a + length(split(b))
number_of_words ← reduce(sentences, 0, wsum)
```

split 函数将字符串分解为一个单词列表，而 length 函数计算列表中元素的数量。

高阶函数不仅能传入函数作为输入，也能生成新函数作为输出。此外，高阶函数甚至可以将对值的引用**包含**到所生成的函数中，这就是所谓的**闭包**。支持闭包的函数能“记住”内容，并访问所包含的值的环境。

对于传入多个参数的函数，可以利用闭包将函数的执行分解为多个步骤，这种技术称为**柯里化**。假设代码中包含以下 sum 函数。

```
sum ← function(a, b): a + b
```

sum 函数应传入两个参数，但只需一个参数就能调用它。表达式 sum(3) 返回的并非数字，而是**经过柯里化的**新函数。程序调用 sum 函数并使用 3 作为第一个参数，对值 3 的引用包含在经过柯里化的函数中。例如：

```
sum_three ← sum(3)
print sum_three(1)  # prints "4".

special_sum ← sum(get_number())
print special_sum(1)  # prints "get_number() + 1".
```

请注意，为创建 special_sum 函数，不会调用与计算 get_number 函数。对 get_number 的引用包含在 special_sum 中。仅当需要对 special_sum 函数求值时才会调用 get_number 函数，这就是所谓的**惰性求值**，它是函数式编程语言的重要特征之一。

闭包也用于生成一组遵循模板的相关函数，使用函数模板有助于提高代码的可读性并避免重复。举例如下。

```
function power_generator(base)
    function power(x)
        return power(x, base)
    return power
```

可以通过 power_generator 生成计算幂的不同函数。

```
square ← power_generator(2)
print square(2)  # prints 4.

cube ← power_generator(3)
print cube(2)  # prints 8.
```

请注意，返回的 square 与 cube 函数保留了 base 变量的值。即便返回的两个函数完全独立于 power_generator 函数，该变量也仅存在于 power_generator 的环境中。再次强调：闭包是一种函数，可以访问位于自身环境之外的变量。

此外，函数的内部状态也能通过闭包进行管理。例如，为创建一个累加所有给定数字之和的函数，一种方法是使用全局变量。

```
GLOBAL_COUNT ← 0
function add(x)
    GLOBAL_COUNT ← GLOBAL_COUNT + x
    return GLOBAL_COUNT
```

可以看到，全局变量会污染程序的命名空间，因此应避免使用。更“干净”的方法是利用闭包将对累加器变量的引用包含在内。

```
function make_adder()
    n ← 0
    function adder(x)
        n ← x + n
        return n
    return adder
```

我们可以借此创建多个加法器而无须使用全局变量。

```
my_adder ← make_adder()
print my_adder(5) # prints 5.
print my_adder(2) # prints 7 (5 + 2).
print my_adder(3) # prints 10 (5 + 2 + 3).
```

模式匹配　函数式编程还能处理像数学函数这样的函数。借由数学，我们可以根据输入来编写函数的行为。以阶乘函数的输入模式为例：

$$0! = 1$$
$$n! = n \times (n - 1)!$$

函数式编程支持**模式匹配**，即识别模式的过程，因此可以将阶乘函数的输入模式简写为：

```
factorial(0): 1
factorial(n): n × factorial(n - 1)
```

相比之下，命令式编程的格式有所不同。

```
function factorial(n)
    if n = 0
        return 1
    else
        return n × factorial(n - 1)
```

哪种方式看起来更清晰呢？只要条件允许，我就会选择函数式范式。某些编程语言遵循**严格的**函数式范式，所有代码相当于纯数学函数。这些语言不受时间影响，代码中语句的顺序不会干扰代码的行为。在这些语言中，所有赋给变量的值都是非突变的，我们称之为**单赋值**。由于不存在程序状态，没有时间点来改变变量。在严格的函数式范式中计算时，仅涉及函数求值与模式匹配。

8.3.3 逻辑编程

只要问题涉及一组逻辑公式的解，就可以使用**逻辑编程**。程序员利用逻辑断言表示某种情况（相关示例请参见 1.2 节），然后进行查询，以便从所提供的模型中找出答案。计算机不仅负责解释逻辑变量与查询，还将根据断言构建一个解空间，并搜索满足所有断言的查询解。

逻辑编程范式的最大优点在于几乎不用编写代码。我们仅需要向计算机提供事实、陈述与查询，由计算机负责寻找搜索解空间并显示结果的最佳方式。

这种范式在主流编程语言中并未得到很好的应用，但如果读者的工作涉及人工智能或自然语言处理，则应对此予以关注。

8.4 小结

计算机程序设计技术的发展催生出了新的编程范式。这些范式有助于提高计算机代码的表现力，也使代码更为优雅。对不同编程范式的了解越多，编写代码时就越游刃有余。

这一章介绍了程序设计如何从直接将 1 和 0 输入计算机内存演变为汇编代码。编程由于控制结构（如循环与变量）的出现得以简化，而使用函数有助于更好地组织代码。

主流编程语言使用了声明式编程范式中的某些元素，这一章对此做了介绍。最后，我们简要讨论了逻辑编程，它是处理某些特定领域应用的首选范式。

希望读者能鼓起勇气面对任何新的编程语言，这些语言都有值得借鉴之处。那么，现在就开始编写代码吧！

参考资料

- *Essentials of Programming Languages*，Daniel P. Friedman 等著
- 《代码大全》，Steve McConnell 著

附　录

I　数字底数

信息可以用数字表示，因此计算可以简化为对数字的操作。字母可以映射为数字，因此文本可以用数字表示。颜色是红色、蓝色、绿色的组合，也可以表示为数字。图像由彩色方块的马赛克构成，同样可以表示为数字。

古代数制（如罗马数字 I、II、III）由数字和构成。目前使用的数制同样以数字和为基础，但需要将位置 i 的数字乘以 d 的 i 次方，其中 d 是不同数字的个数，称为底数。人有 10 个手指，因此通常以 10 为底（$d = 10$），但数制支持使用任何数字作为底数。

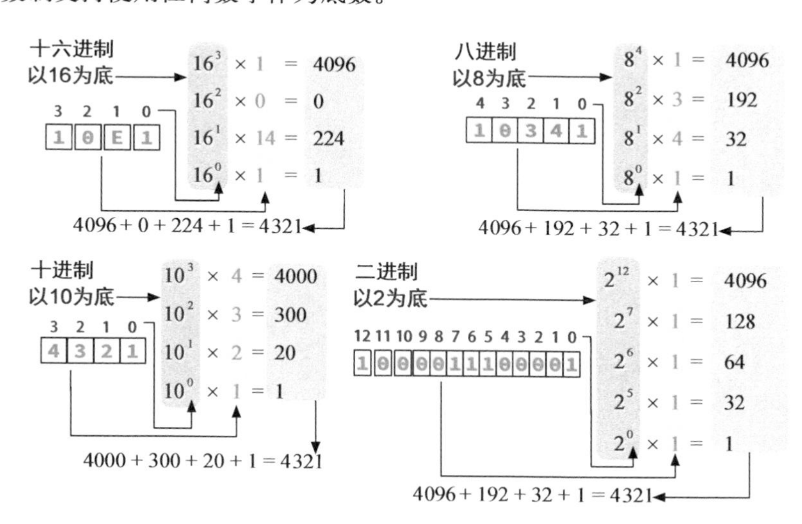

图 10-1　数字 4321 在不同数制（底数不同）中的表示

II 高斯的诀窍

故事是这样的：作为惩罚，小学老师要求高斯将 1 到 100 的所有数字相加。不过让老师感到惊讶的是，高斯在几分钟之内就算出了答案为 5050。他的诀窍如下。

$$
\begin{aligned}
2\times\sum_{i=1}^{100} i &= (1+2+\cdots+99+100)+(1+2+\cdots+99+100) \\
&= \underbrace{(1+100)+(2+99)+\cdots+(99+2)+(100+1)}_{100\text{对}} \\
&= \underbrace{101+101+\cdots+101+101}_{100\text{次}} \\
&= 10\ 100
\end{aligned}
$$

将 10 100 除以 2 即得 5050。可以将这种重排序正式写作 $\sum_{i=1}^{n} i+\sum_{i=1}^{n}(n+1-i)$，因此：

$$
\begin{aligned}
2\times\sum_{i=1}^{n} i &= \sum_{i=1}^{n} i+\sum_{i=1}^{n}(n+1-i) \\
&= \sum_{i=1}^{n}(i+n+1-i) \\
&= \sum_{i=1}^{n}(n+1)
\end{aligned}
$$

在最后一行，i 已被消掉，因此对 $(n+1)$ 反复求和 n 次。最终得到：

$$
\boxed{\sum_{i=1}^{n} i=\frac{n(n+1)}{2}}
$$

III 集合

术语集合用于描述对象的集合。例如，可以创建一个包含猴脸表情的集合 S。

$S=\{$ 🐵, 🙈, 🙉, 🙊 $\}$

子集　包含在另一个集合中的对象的集合称为子集。例如，显示手与眼的猴脸表情为 S_1 = { 🙉, 🙊 }。S_1 中的所有猴脸表情都包含在 S 中，写作 $S_1 \subset S$。可以将显示手与嘴的猴脸表情划分到另一个子集中：S_2 = { 🙈, 🙉 }。

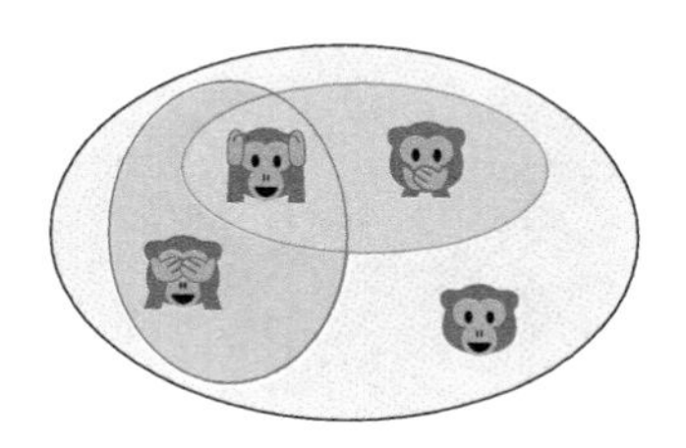

图 10-2　S_1 与 S_2 是 S 的子集

并集　可以将属于 S_1 或属于 S_2 的猴脸表情划分到 S_3 = { 🙈, 🙉, 🙊 }。这个新集合称为前两个集合的**并集**，写作 $S_3 = S_1 \cup S_2$。

交集　可以将既属于 S_1 又属于 S_2 的猴脸表情划分到 S_4 = { 🙉 }。这个新集合称为前两个集合的**交集**，写作 $S_4 = S_1 \cap S_2$。

幂集　注意，S_3 与 S_4 仍然是 S 的子集。此外，我们认为 $S_5 = S$ 与空集 $S_6 = \{\}$ 也是 S 的子集。计算 S 的所有子集可知，共有 $2^4 = 16$ 个子集。如果将全部子集视为对象，也可以将它们纳入集合。S 的所有子集的集合称为 S 的幂集：

$$P_S = \{S_1, S_2, \cdots, S_{16}\}$$

IV　Kadane 算法

3.3 节曾讨论过最佳交易问题。

> **最佳交易**　我们了解一段时间内的每日金价，并希望从中找出两个交易日，如果在此期间买入然后卖出黄金，就能实现利润最大化。

3.7 节介绍了求解上述问题的一种算法，其时间复杂度与空间复杂度均为 $\mathcal{O}(n)$。1984 年，Jay Kadane 教授提出了另一种算法，其时间复杂度

为 $\mathcal{O}(n)$，而空间复杂度仅为 $\mathcal{O}(1)$。

```
function trade_kadane(prices):
    sell_day ← 1
    buy_day ← 1
    B ← 1
    best_profit ← 0
    for each s from 2 to prices.length
        if prices[s] < prices[buy_day]
            B ← s
        profit ← prices[s] - prices[B]
        if profit ≥ best_profit
            sell_day ← s
            buy_day ← B
            best_profit ← profit
    return (sell_day, buy_day)
```

这是因为无须在输入的每一天都存储最佳买入日，只需要存储相对于目前最佳卖出日的最佳买入日即可。

结　语

> 计算机科学教育无法使人成为专业的程序员，正如研究画笔与颜料无法使人成为专业的画家一样。
>
> ——埃里克·雷蒙德[1]

本书采用简明扼要的形式介绍了计算机科学中最重要的一些内容。作为一名优秀的程序员，了解这些内容有助于夯实学习计算机科学的基础。

我希望这些新知识能鼓励读者深入探索自己感兴趣的内容。为此，每章末尾提供了一些优秀的参考资料，并附上相关链接。

受篇幅所限，本书未能将计算机科学的某些重要内容纳入其中。在覆盖整个地球的网络（因特网）中，如何实现计算机之间的可靠通信？如何使多个处理器同步工作，从而缩短完成计算任务的时间？面向对象编程是最重要的编程范式之一，本书同样没有涉及。我计划在下一本书中探讨这些内容。

此外，只有动手编写程序才能充分理解所学的知识。这是一件好事。当刚开始学习如何使用编程语言完成基本操作时，编写代码或许难以带来回报；不过一旦掌握基础知识，读者必能从中获得**极大的**回报。那么，现在就开始编写代码吧。

最后，本书是我的处女作，反响如何有待观察。因此，读者的反馈对我而言价值连城。您喜欢哪些内容？对哪些内容感到困惑？本书哪里存在改进的空间？请致信告知您的意见和建议：hi@code.energy。

---

① 埃里克·雷蒙德（1957—　），美国计算机程序员，黑客文化理论家，开源运动主要倡导者。其著作《大教堂与集市》被奉为开源运动的《圣经》。——译者注

后　　记

表情符号来自 Twitter 维护的开源项目 Twemoji。

英文版封面图片根据 1845 年查尔斯·巴贝奇的分析机原理图绘制。分析机是有史以来人类设计的第一种可编程计算机。